:ienza

T0216574

Giuseppe O. Longo

Il senso
e la narrazione

 Springer

Giuseppe O. Longo
Università di Trieste

ISBN 978-88-470-0778-9
ISBN 978-88-470-0779-6 (eBook)

Springer-Verlag fa parte di Springer Science+Business Media
springer.com
© Springer-Verlag Italia, Milano 2008

Collana ideata e curata da: Marina Forlizzi

Redazione: Barbara Amorese
Progetto grafico e impaginazione: Valentina Greco, Milano
Progetto grafico della copertina: Simona Colombo, Milano
Immagine di copertina: © Summertime, 1943, Edward Hopper (1882-1967), olio su tela (74x111,8 cm), Delaware Art Museum, donato da Dora Sexton Brown, 1962
Stampa: Grafiche Porpora, Segrate (Milano)

Springer-Verlag Italia S.r.l., via Decembrio 28, I-20137 Milano

Non sono forse, parole e suoni, arcobaleni e parvenze di ponti tra ciò che è separato dall'eternità?

Federico Nietzsche

A mio figlio Luca

Il guardiano del senso

... e in quel momento gli sembrò di vedere sé stesso come doveva apparire a quelle persone, gli strani occhi socchiusi, il silenzio spaventato, rivolto verso la loro curiosità indifferente a quel giorno – la vista del vento, del calore, della polvere e l'odore di gomma bruciata – cose che a loro parlavano di altri giorni che avevano visto, certo, in altre estati, giornate come quella, con un odore rovente nell'aria e il sole che premeva sul petto come un peso o una mano aperta...

Joyce Carol Oates

Tra un mese compio 67 anni.

Pensieri azzurrini e falcati sciamano nell'anticamera della coscienza e vogliono vestirsi di parole per essere detti: faville nell'imbuto del vulcano, angeli o demoni. Lampi, immagini di tralicci contro il cielo in estati lontane identiche a quella che verrà. Uomini sudati, parenti vestiti a festa, ghirlande di visi, l'ansito del piacere, la bora scura, golfi e montagne, le periferie lontane, il mio primo mare, le città innevate, gli aquari, le disperazioni domenicali, e poi parlare parlare, la radio in macchina, le autostrade, basterebbe uno scarto del volante, la lucida prospettiva del parabrezza, gli autotreni avventati, il caleidoscopio delle colline, dappertutto bandiere nel vento. E i libri innumerevoli che spalancano mondi laterali (ma non devo entrarci, non ora, in Proust e in Broch e nell'estate di Alcyone: ma entrateci voi, al mio posto, perdetevi nei poligoni della memoria, forse ne tornerete eccitati e stremati). Gli occhi che ho chiuso ai miei genitori, gli occhi che ha aperto al mondo mio figlio.

Una folla complicata di alfabeti nascosti, il sussurro frenetico del mondo nelle ore piccole del meriggio panico, tra caute esplorazioni e turgori del corpo: mi rendevo conto pian piano della vastità del mondo. Uscito dalla carne, di carne, anelavo alla carne: ma quanto sforzo per mangiare una particola di mondo, e sempre lì lì per perderla di nuovo. Stupore. Dolore. Colore.

Dovrei ancorarmi a quella che dovrebbe essere la mia vecchiaia, alla neutralità del calendario, al verdetto dei giorni, al cauto procedere del degrado, al ferro del chirurgo. Non mi rassegno, mi dibatto e mi ferisco. Continuo a cercare, vado e vengo dal dentro al fuori, dal fuori al dentro: una valvola mitralica sfiancata, non oppone più resistenza. Quei pensieri che si affollano: non appena ricevono parole muoiono, si seccano, cadono con piccoli tonfi leggeri, con lamenti flebili, rumor di matite: non sanno più suggerire, ma si cumulano a strati e torreggiano in altissimi edifici teoretici. Muti. Sul letto di morte mio padre invocava sua madre. Si torna alle origini. La carne urla. Mia madre: se il medico invece di parlarmi di problemi extrapiramidali mi avesse detto che per lei si preparavano anni di sofferenze e una morte stuporosa. Piegata come una cosa piegata nei letti che dovette abitare per mesi. La sua voce, la voce di quando era giovane e bella e rigogliosa e fermentavano in lei i succhi generativi che sarebbero sfociati nei suoi figli, la sua voce forse vaga ancora per le strade dei suoni, mescolata e confusa con la lingua del mondo: forse la si può rintracciare e seguire nei suoi meandri, parole e risate e urla, forse la si può sciogliere dal gigantesco gavagno sonoro di comete e galassie, dal fruscio dell'etere: ma lo possiamo fare solo noi, i suoi figli. Dopo sarà, per lei, il silenzio: vive solo in noi, brevemente. Forse: nelle canzoni che mi cantava, nelle parole senza senso che mi diceva quand'ero piccolo e che ricordo in massa (a volte ricordiamo in massa: confusa, disarticolata ma eloquente), forse lì stava, sta e starà il senso del mondo: un senso che continuo a cercare, che forse è a portata di cuore. Bisogna forse mettersi nella posizione giusta, reclinare un po' la testa per porgere orecchio, tacere dentro, e allora. Niente. Tutto è freddo, detto, coniugato, misurato. Non canta.

Ci vogliono i lampi, le vertigini, i gorghi paurosi e lancinanti. I profumi, il lezzo, i corridoi conventuali, gli aliti delle cantine, il selciato lucido, gli anni quaranta, il rombo degli aerei, i lunghi richiami, le piazze immense, le camere ombrose, il seno intravisto, il sesso rosanero pauroso. "Tu tienilo fermo, che io gli metto la sabbia negli occhi!" diceva la bambina al maschio più grande e io mi chiedevo perché. La memoria del corpo. Inenarrabile. Indicibile. Dire è sciupare. Sì, certo, nelle configurazioni neuronali, nella chimica del cervello: anche lì. Ma non solo lì. Anche in un luogo dolorante vicino o dentro al cuore che sanguina una sua lenta agonia. Che si spegnerà, che ha già cominciato a spegnersi. Lumini. Sogni. Oscillazioni, tremori. Appena sveglio li scrivo, i sogni: ceneri spente. Dov'è rimasta quella convinta persuasione, quella giustezza malata, il vagare, il biancore, i ritorni delle amanti, gli affanni, le voci, gli occhi bianchi, tutto, tutto? Tutto sale a formare uno strato aierino, trasparente, una mnemosfera che avvolge il mondo nel suo immobile rotare come il fumo dalle pire sacrificali. E, improvviso lancinante, il nero volteggiare: la precisione dell'ora della morte. E toccherà anche a me. A questo pensiero devo sottrarmi, non so resistere: debbo curarmi da questo pensiero, altrimenti muoio prima di morire. E per sfuggire alla mors-morsa gli uomini si sono inventati le storie, i racconti, le narrazioni: ciascuno di noi vive in una vasta costellazione di fiabe, di miti, di conversazioni, di rimandi, di parole. E tutte queste storie, tutte, sono vere. Se curano sono vere. Alcuni invece si sono prefissi di smascherare le invenzioni, denudano il re nella sua vergogna di re nudo: che impresa triste, che stanze polverose abitano costoro, che vita disperata conducono; anch'io sono stato a rischio di condurla: il loro ghigno beffardo si gela su labbra livide che non sanno più sorridere. Ricordo il profumo di abete e di cera e di dolci la mattina di Natale, nel luccichio delle palle di vetro dondolanti – zin, zin –, le loro colorite convessità erano ingressi ad altri mondi, abitati da esseri minuscoli, ma benevoli e parentali. E poi, invece, la scaltra rivelazione, il maligno riso iniziatico ci strappava alla domestica coltivata illusione: una perdita netta di felicità, e non è forse la felicità quella che conta, non è forse un delitto imperdonabile strappare il velo per scoprire il sordido granuloso nerastro calcestruzzo sottostante? Anche tu, anche tu, benvenuto nel deserto del reale. Reale? Quant'è triste e grigia, come in certi sogni deserti, la vita dopo il disincanto: una casa senza odori, senza ronzio d'insetti, senza ronfar di gatti o scodinzolio di cani, senza il seno colmo caldo morbido della donna madrefigliamantemoglie che tutto lenisce: una donna che mi curi, mi accompagni, mi conforti, mi baci, mi offra la sua calda umida vertiginosa compassionevole femminilità. Questo per me: gli altri, le donne per esempio, troveranno altro da dire, desiderare, sognare: qualcosa. Non vogliamo una casa asettica e disinfettata, squadrata e purificata: vogliamo il fortore del gatto e del cane, il fumo arricciato del caminetto, la brace occhiuta, la spera oscillante delle lucerne che ci hanno accompagnato per secoli sullo sfondo fuligginoso delle pareti. Il focolare non si deve spegnere. Quanti anni o secoli ci vorranno perché le lampadine elettriche e i termosifoni generino una costellazione domestica altrettanto confortevole e suggestiva? Raccontare storie intorno a un radiatore di ghisa che scalda senza mostrarci il fuoco? Il fuoco è necessario, vitale, consanguineo. Eppure ci raccontiamo le storie anche sotto le lampade ad arco dei riflettori: siamo capaci anche di questo, perché la narrazione è insopprimibile: la parola deve circolare, altrimenti moriamo senza morire. Infinita plasticità dell'uomo narratore, infinità plasticità delle storie narrate dall'uomo. Abbiamo voltato le spalle al focolare, cerchiamo altrove le storie, le narriamo in luoghi diversi. Vogliamo anche storie diverse? Storie che nascano dalla pietrificata oggettività del mondo, dall'inanimata perfezione delle orbite, dei cristalli, delle astrazioni geometriche? Abbiamo intrapreso la scalata al cielo e abbiamo scoperto che forse il cielo non esiste, gli dèi sono scomparsi, fuggiti chissà dove. O siamo fuggiti noi? Ma la fuga dagli dèi è vana: essi non abitano il cielo, abitano in noi. E allora, che fare? Tornare agli atri muscosi, agli abituri, alle stamberghe, ai fossati, ai ponti, all'arse fucine, ai muri corrosi? Abbandonare i sogni superumani, i miti dell'onniscienza e dell'immortalità? Rallentare la corsa delle macchine? Soffriamo di nostalgia per un mondo che non è mai esistito: il mondo dove altri uomini, che non abbiamo conosciuto, erano paghi e felici. Forse nessuno è mai stato felice, di questa specie infelice che è l'uomo: vive nel finito e vorrebbe abitare l'infinito.

Nell'infanzia dell'umanità... ma c'è mai stata un'infanzia dell'umanità, o l'uomo è nato già adulto e disincantato, sempre sognando una remota e luccicante età dell'oro, gli occhi rivolti all'indietro: *Angelus Novus*? Abbiamo fatto di tutto per non crederci più, a questa vagheggiata infanzia lattemiele dell'umanità, abbiamo cercato di guardare in faccia il futuro, eppure l'Età dell'Oro resta nei cuori esuli a conforto, ed è questa favola che ci ripropone senza posa il problema del senso. Che senso ha tutto? La nostra vita. Ma non solo la nostra vita: la vita – e la morte – di tutto, dalla capra sgozzata al bisonte abbattuto al ragno schiacciato: la terribile congerie di pesi e contrappesi, la vita che si fa cibo e la morte che si fa vita. Céline ci racconta la morte dignitosa e straziante della sua cagna Bessy. Il senso. Ma il senso, forse, sta dall'altra parte: tra noi e il senso c'è un confine mobile e opaco, una siepe folta che per noi chiude il mondo: ma avvertiamo che di là c'è qualcosa di vitale, cui vorremmo accostarci, di cui anzi vorremmo impadronirci (efferata avidità degli umani!). Da questa parte della siepe, il territorio è arato, coltivato, ripartito, agrimensurato, segnato: porta le tracce della nostra operosa e distruttiva presenza. Si ergono le torri, le città quadrate, i mulini e le concerie: ma il senso non abita qui. Ne sentiamo la voce oltre la siepe, o crediamo di udirla: allora spostiamo la siepe e c'impadroniamo d'un lembo di terra vergine. Subito misuriamo, traguardiamo, ariamo, seminiamo: forziamo la conquista dentro i nostri strumenti lucidi e arrotati. E il senso non c'è più: è svaporato. Si nasconde di là, oltre la siepe: sempre di là. Ma non desistiamo, alcuni di noi non desistono, spostano di nuovo la siepe e continuano a inseguire il senso, che s'appiatta e fugge. Arriveremo mai alla fine? Ci sarà un termine oltre il quale non si potrà più spostare la siepe? Se mai un giorno ciò dovesse accadere, il senso non avrebbe più un luogo dove rifugiarsi, avremmo disincantato il mondo, l'avremmo misurato e pesato e formalizzato: tutto, senza residui. Io non credo che ciò possa avvenire, ma si sa che ciascuno di noi crede volentieri in ciò che desidera.

La testa, l'officina della testa, un opificio con cento miliardi di neuroni affidati a sé stessi, pieni di mistero. La necessità di senso, la sua ricerca, la passione per gli dèi e per l'anima, il bisogno di assoluto: sono tutte creazioni della mente officina: illusioni, chimere. Basta uno spostamento micrometrico, un intoppo molecolare, un trauma infinitesimo, una variazione elettrochimica minuscola e tutte quelle idee svaniscono: allora la vita, la nostra vita, di ciascuno e di tutti, dall'anellide a Darwin, è priva di senso? È una partita giocata su una scacchiera sghemba da due scacchisti idioti: il Caso e la Necessità? Eppure... Guardo certi quadri di Hopper: camere di motel, baracche in mezzo alla brughiera, vetrine di negozi, case di mattoni tutte uguali, pompe di benzina nella sera, oceani turchini, fari coloriti, tinelli tra camera e cucina, atri d'albergo, bar sconsolati. E le persone: coppie stanche, donne rassegnate o ardimentose che offrono il loro corpo all'attesa. C'è una ragazza che sta sui gradini di una casa bianca: tacchi alti, un vestitino celeste leggerissimo, cappello di paglia, la vita sottile, il seno alto e fermo, la permanente anni trenta. Nella bocca rossa e negli zigomi sembra Rita Hayworth. Non ditemi che dietro queste figure non c'è nulla: qualcosa c'è, c'è qualcosa che sfugge appena cerchiamo di coglierla, una profondità che scorgiamo con la coda dell'occhio. Così come dietro il cielo che vediamo lassù, nel suo azzurro smemorato, c'è un altro cielo, il cielo vero, più duro e crudele, un cielo invetriato che forse non vedremo mai, di un colore su cui possiamo a lungo congetturare (diaspro, olivina, smeraldo), pronto a rivelarsi non appena il nostro cielo domestico si spaccherà come un fondale di teatro, arricciandosi ai bordi. Il cielo vero è pronto a mostrarsi, ma forse non si mostrerà mai. Rita Hayworth è morta di Alzheimer, ma quella ragazza sui gradini continuerà a scendere, a esitare, ad andare incontro alla vita col suo corpo inastato, trasparente nel vestitino celeste, consapevole forse della sua bocca rossa, del seno compatto, della gamba lievemente protesa.

Kafka, nel *Processo*, ci dice che la porta della Legge è custodita da un guardiano. Davanti a lui arriva un campagnolo e lo prega di farlo entrare.

Ma il guardiano gli dice che per ora non può lasciarlo passare. L'uomo riflette e poi chiede se potrà entrare più tardi. "Può darsi, ma ora no", dice il guardiano. E siccome la porta sta sempre aperta e il guardiano si è tirato da parte, l'uomo di nascosto si affaccia alla porta per vedere nell'interno. Quando il guardiano se ne accorge, si mette a ridere e dice: "Se hai voglia, prova pure a entrare, ad onta del mio divieto. Ma ricordati di questo: io sono potente, eppure non sono che l'ultimo dei guardiani. E davanti a ogni porta vi sono altri guardiani, uno più potente dell'altro. Già quando si arriva davanti al terzo, nemmeno io sono capace di sostenerne la vista". Il campagnolo non si era aspettato questa difficoltà. La Legge dev'essere accessibile a tutti e sempre, pensa, ma ora

osservando l'aspetto formidabile del guardiano, decide di aspettare il permesso. Passano i mesi e gli anni, e il permesso gli è sempre negato. Diventa vecchio, gli occhi lo tradiscono, e ora soltanto distingue nel buio una luce che arde ininterrotta alla porta del tribunale. Ma ormai non gli resta più molto da vivere. Prima della sua morte le esperienze fatte in tutto quel tempo si fondono nel suo capo in una sola domanda.

Il guardiano si china verso il campagnolo per raccoglierne le parole:

Tutti tendono a conoscere la Legge. Com'è allora che in tutti questi anni nessuno, all'infuori di me, ha mai chiesto di entrare?

E il guardiano, che intuisce che la fine dell'uomo è prossima, gli grida:

Qui nessuno poteva ottenere di entrare, poiché questa entrata è riservata solo a te. Adesso me ne vado e la chiudo.

Forse ho l'età che ha il campagnolo quando rivolge al guardiano la sua ultima domanda. Mi chiedo che effetto faccia morire con quella domanda nella testa: la domanda sulla Legge. Per me: la domanda sul senso. La porta del senso è il varco personale, riservato a te, a te, umile suddito dell'Imperatore, che nessun altro può oltrepassare, anzi neppure vedere: perché ciascuno è davanti alla sua porta, che forse è uguale, forse diversa da tutte le altre. Da questa porta scaturisce il fulgore del senso e con speranza e disperazione ciascuno tenta di berlo con gli occhi. L'attesa è lunga e vana, il corteggiamento infinito e inutile. Anche nel *Messaggio dell'Imperatore* Kafka frappone tra noi e la soluzione dell'enigma (o la salvezza) un ostacolo insuperabile: là era il guardiano, qua la sterminata capitale che si oppone al procedere del messaggero. Egli non giungerà mai alla tua porta, non sentirai mai i suoi colpi sull'uscio. Eppure ti piace sognare, la sera, che prima o poi egli bussi e ti ripeta il messaggio che l'Imperatore gli ha affidato sul suo letto di morte. Non sappiamo se varcare la porta o ascoltare il messaggio equivalga a conoscere il senso, ma io voglio presumerlo: in entrambi i racconti il senso rimane celato e non per colpa dell'uomo che aspetta, anche se molto si può congetturare su questo punto. Forse il mondo è congegnato in modo che del senso possiamo scorgere solo un bagliore, udire solo un bisbiglio, avvertire solo l'eco, il fremito lontano. Al campagnolo non interessa altro che entrare nella Legge, al suddito non interessa altro che ricevere il messaggio: tutto il resto, l'agire quotidiano, mangiare, dormire, lavorare, attendere ai negozi, guardare i tramonti, riordinare i cassetti, il tranquillo proceder dei giorni, non offre alcuna attrattiva o consolazione. Come accade quando si cerca: solo ciò che non abbiamo ancora trovato c'interessa, ciò che possediamo non conta nulla. Del resto, l'unica cosa di cui c'interessa parlare è l'indicibile, il resto è stato detto, è vuoto: è stato riportato nel territorio solcato e preciso del dicibile, del numerabile, del traguardabile: ha perso il senso. È nell'indicibile che cerchiamo il senso: nel luogo oscuro, nell'ultrainteriorità cui dà accesso la porta del senso, invisibile agli altri e inaccessibile a noi, l'ultrainteriorità dove vagano i defunti, i figli non nati con il loro viso murato, gli avi, i fili interrotti delle specie sgranate sull'enorme greto del tempo. Bisognerebbe aggirare il guardiano, o ucciderlo: ma siamo certi che sia lui l'ostacolo vero che c'impedisce l'ingresso, o non è piuttosto, il guardiano, il segno concreto di un divieto più sottile e inviolabile? Eppure, quella luce che promana dalla porta ci attira come falene, ogni falena gira intorno alla sua lampada, incurante del mondo. Solo quando ci allontaniamo, ciascuno volgendo le spalle alla sua porta, avvertiamo la presenza degli altri, li recuperiamo, raccontiamo e ci facciamo raccontare le storie: e quelle storie hanno sempre a che fare con la porta del senso che ci è riservata e ci è negata.

Dormo male, è l'*insomnia senilis*, allora accendo la radio e ascolto nella notte la Quarta Sinfonia di Mahler, *Das himmlische Leben*, l'aria struggente del soprano che davvero ci innalza al cielo, rivedo la mia vita, i miei fallimenti, le mie piccole e grandi gioie: l'ala del tempo batte e non s'arresta un'ora, torno a Mahler, penso al sorriso cariato di mio padre che si è perso nell'immensità del mondo, e mi tornano i versi di una cosmogonia delle parole, dei suoni che fanno il mondo.

A noi,
a ciascuno di noi le parole
son giunte
col sangue e lo sperma

dei genitori,
ma non ricordiamo le *loro* parole
la notte che ci concepirono
nel buio della carne:
da più lontano, da generazioni
di donne
feconde e consenzienti,
di uomini
imbestiati bramosi d'amplesso
o di stupro,
e prima ancora chissà da quali muggiti
tenebrosi di mandrie o leoni
o archesauri
– protoplasma.
Eppure ricominciamo da lì, dal viso
di nostra madre,
uno specchio che suona parole.
E il mondo – tutto –
si fa parola:
inconcepibile adesso senza parole.
Le iridi screziate, la bocca, le ascelle,
il tenero riso, la sera d'estate: passano
tutti passano per questa cruna
che cuce, tesse, ricama
il mondo.

E passa il vento e passano le stelle. Mahler gira la sua conocchia e
Amleto il suo mulino. Il mondo è intessuto e ricamato di suoni e
di parole, come in quel racconto in cui al protagonista sembra –
sembra – di trovare finalmente il senso:

> Adesso capiva che la spietatezza può nascondersi anche die-
> tro una rosa e che tutto è collegato, la rete metallica al fucile
> della sentinella, al sorriso della cameriera, all'urlo della sirena.
> Quell'urlo era certo udito dalle donne che preparavano la
> cena nelle case ombrose, era udito nei cortili, nelle concerie,
> nelle fornaci ansimanti. Lui sentiva tutta quella minuta e fan-
> tastica *congerie* di case, portoni, mulini, quel segreto fervore
> delle cose, il silenzioso lavoro dei sarti, degli orologiai, gli

squilli radi dei telefoni, il fruscio delle biciclette, il sussurro delle vene, tutto si accordava in una subdola e laboriosa sinfonia, in una limatura, nella sfrangiatura dell'universo dentro il quale vedeva finalmente il suo posto, un posto stabile e definitivo, per cui non era più obbligato a correre, a varcare confini, a cogliere rose, a fare stupide dichiarazioni alle cameriere. Anche sua figlia in quel momento occupava un posto giusto, lo riempiva con il suo corpo di donna in una vibratile e cangiante unanimità con tutto il resto, per fili lunghissimi essa era legata a lui che lentamente si dissanguava in quella corsa infinita, era legata a quell'urlo di sirena che si prolungava nel pomeriggio, trafiggendolo come si trafigge l'ascella del mondo, pensò, poi pensò alla morte di Gianna, qualche anno prima, che l'aveva lasciato stupefatto, al centro di un grande rimbombo. Quel rimbombo era la lingua con cui si esprimeva il mondo, una lingua frenetica e densa, segreta e appassionata, una lingua che è nelle cose e nella luce e nel mare e nelle ciglia, una lingua che non cessa di essere parlata.

Rosa al confine (da "Avvisi ai naviganti")

Trieste, febbraio 2008

Indice

Il senso e la narrazione

La specie impura

"Certe volte," disse Arkady, "mentre porto i «miei vecchi» [aborigeni] in giro per il deserto, capita che si arrivi a una catena di dune e che d'improvviso tutti si mettano a cantare. «Che cosa state cantando?», domando, e loro rispondono: «Un canto che fa venir fuori il paese, capo. Lo fa venir fuori più in fretta».

Gli aborigeni non credevano all'esistenza del paese finché non lo vedevano e non lo cantavano: allo stesso modo, nel Tempo del Sogno, il paese non era esistito finché gli Antenati non l'avevano cantato

Bruce Chatwin, *Le vie dei canti*

La specie comunicante

Gli umani sono creature della comunicazione: non solo la nostra è fin dall'origine una specie comunicante, che si serve della parola per narrare e narrarsi e per generare e rafforzare la coesione sociale del gruppo; ma la comunicazione s'intreccia con le nostre emozioni, costruisce e raffina la nostra intelligenza, dà sfogo e struttura alla tensione che ci guida verso la *creazione*. I racconti che dalla nascita alla morte ciascuno di noi narra, si narra e si fa narrare, in una vicendevole e florida rete, fanno nascere altri mondi e ci restituiscono i frammenti e i brandelli delle molte vite che sogniamo di vivere e che ci sono negate dall'angustia e dall'inesorabile irreversibilità del tempo.

Le storie dunque ri-costruiscono senza posa il mondo e noi stessi nel mondo, tanto che presso certe culture il mondo *non esiste* prima di essere narrato e cantato. Potenza della parola, che vola, si espande, raggiunge l'altro e ne torna fecondata: apre alla gioia, manifesta la sofferenza, l'esplosione dell'entusiasmo, il pianto soffocato, la muta assenza d'amore o la sua calda assiduità. Comunichiamo, dunque, perché non possiamo farne a meno, perché vogliamo dar voce e segno al nostro inesauribile bisogno di *senso*.

L'attività comunicativa si svolge in modo vistoso mediante la lingua, ma non riguarda solo i contenuti espliciti del messaggio: è intessuta di metafore, di significati impliciti veicolati con lo sguardo, con il tono della voce e con i movimenti del corpo, è colma di ambiguità sottili e misteriose, che screziano e arricchiscono il mero scambio di informazioni, corredandolo di valenze metacomunicative ed extracomunicative, senza le quali lo scambio si ridurrebbe a poco più di niente.

La comunicazione si articola in codici più o meno flessibili e convenzionali, aperti in vario modo a interessi cognitivi, affettivi e collaborativi. Ed è proprio la *volontà di collaborazione* dei parlanti che ne costituisce forse l'aspetto più significativo e caratteristico: animati da questa volontà, i diloganti esplicano un continuo aggiustamento dell'interazione, che porta alla costruzione e alla condivisione di regole sempre diverse e all'istituzione di convergenze mutevoli, di volta in volta adatte agli *scopi* della comunicazione. L'aspetto collaborativo della pratica comunicativa porta a una continua ridefinizione e reinterpretazione dei dati scambiati e della relazione tra i parlanti. Tanto importante è quest'ultimo aspetto, che forse la comunicazione tra umani si svolge soprattutto per rafforzare, modificare, collaudare o distruggere *la relazione tra le parti*.

Dunque vi è, nella comunicazione, un eccesso rispetto alla pura utilità esplicita e al mero scambio di dati. Ciò si avverte soprattutto quando si considera la comunicazione corporea. Il *corpo*, il grande assente nella visione razionale dell'Occidente, tutta protesa verso l'astrazione scientifica e computante, tende oggi a riacquistare una centralità a lungo negata e ci aiuta a identificare e a catalogare linguaggi diversi da quello verbale. Prima di tutto il linguaggio del corpo, appunto, che trova la sua consacrazione in quel magico luogo che è il *teatro*, dove, grazie alla stipulazione di un tacito contratto, accettiamo una finzione che ci coinvolge e ci trasporta fuori di noi stessi. Il teatro è il luogo per eccellenza dove avviene la sospensione dell'incredulità, dove la finzione si anima e si trasforma in viva realtà.

E, rispetto ai nitidi messaggi veicolati dalla lingua precisa delle grammatiche e dei pedagoghi, il corpo ci insegna che vi è, sullo sfondo, un alone sfocato e baluginante di significati inespressi ma essenziali, che debbono essere recuperati grazie all'esercizio di uno sguardo laterale, con un'operazione di prolungamento che ci porta fuori dall'ambito tradizionale dell'insegnamento e dell'apprendimento: la scuola si apre, abbatte pareti e soffitti, entra in fertile osmosi con tutto, tutto feconda e da tutto è fecondata: arte, musica, cinema, monumenti, strade, animali, alberi, e i tanti congeneri che la sorte ci ha messo al fianco, compagni di questo nostro viaggio avventuroso e stupendo.

Tutto è comunicazione, tutto è apprendimento, tutto è esperienza. Si comunica già prima di comunicare: la comunicazione, specie quella artistica, è un atto primitivo, che si inscrive in un orizzonte di necessità, la necessità vitale di *dare un senso al mondo*, un senso che, forse, esiste prim'ancora che noi ne percepiamo la presenza: e, a volte, il senso ci viene palesato da un'illuminazione improvvisa, che ce lo rivela tutt'intero. Ed è *l'opera d'arte*: il quartetto d'archi, la poesia, il racconto, il quadro. Ma, prim'ancora, è il tramonto, il volto dell'amante, il balzo della tigre, lo stormir delle fronde, l'afa del meriggio. Tutto è in tutto. E questo tutto si lascia corteggiare, si piega alla nostra assidua interpretazione e, un pochino, si concede: e questo poco diventa tradizione, canone, scuola.

Ma là, fuori, c'è tutto il resto, che non si concede, che ci chiama ma si allontana. Ecco perché *la scuola si deve aprire*: l'istruzione programmatica e codificata, canonica, rafforza il cervello comune, i codici condivisi, necessari per la comunicazione univoca dei contenuti e per l'ordinato e preciso funzionamento della società: ma talvolta il rafforzamento di quest'ordine porta alla fissità, alla sclerosi. È necessario allora tornare all'origine, alla creatività insita in ciascuno di noi, irrobustita dal contatto immersivo ed esplorativo col mondo e dall'apprendimento per imitazione simpatetica e affettiva. Qui si avverte la differenza tra la *routine* e l'arte. L'arte non bandisce, come invece fa la *routine*, le piccole deviazioni, gli errori creativi, le sorprese inventive...

Uscire dal canone e dalla tradizione, dunque, per tornarvi più ricchi, e fecondarla coi germi diffusi della comunicazione totale: biblioteche, libri, statue, grammatica e canzoni in coro, ma, anche, rotocalchi, spettacoli televisivi, macchine, corpi di uomini e donne e bambini che si muovono e si sfiorano, cartelloni pubblicitari, quadri e palazzi, parole che vanno nella sera, cespugli e prati e querce e platani nel loro muto dire eloquente. E gli animali, dai bassotti agli asini alle pecore, nel loro umile e fraterno accompagnarci.

È grazie a loro, agli animali, agli alberi, ai nostri congeneri, insomma è *grazie all'Altro* che abbiamo sviluppato il senso estetico, che abbiamo riconosciuto l'*armonia sistemica ed evolutiva* che sta alla base dell'etica e della nostra essenza ecologica, che oggi sono tragicamente in pericolo e che vanno recuperate attraverso un esercizio assiduo della comunicazione non solo razionale, ma anche espressiva ed emotiva, nella cornice della nostra *esperienza di vita*.

Il genio e la creatività

Il genio paga sempre per le sue doti

Henry James

Se sapessi dirlo non avrei bisogno di danzarlo

Isadora Duncan

Vorrei ora parlare di quella misteriosa caratteristica che si chiama inventiva o creatività. La creatività desta stupore, ammirazione e, insieme, timore. C'è tutta una tradizione, più o meno giustificata, che associa l'eccezionalità creativa (nell'arte, nella scienza, nella letteratura) con la malattia mentale, o almeno con la bizzarria, l'eccentricità, la chiusura in sé, la stravaganza. Pare documentata, per esempio, la parentela fra l'autismo e la capacità computazionale, la memoria per i particolari, la meticolosità e anche la creatività manuale[1]. Il legame tra genialità e creatività e autismo, ammesso che davvero esista, suggerisce che l'inventiva deve pagare lo scotto di un'incapacità di intessere rapporti caldi e fecondi con gli altri. Questa chiusura, questo affacciarsi all'interno di una cittadella psicologica ignorando ciò che accade nel vasto mondo esteriore, se da una parte, sul versante esterno, desta invidia e diffidenza, sul versante interno, del genio, corrisponde spesso a un'infelicità senza rimedio. È spontaneo ricorrere alla metafora della perla, che viene secreta dall'ostrica in seguito a un'irritazione dolorosa. Sono forse queste caratteristiche asociali, se non antisociali e patologiche, che spingono le istituzioni a non incoraggiare, anzi a contrastare, l'eccezionalità inventiva. La scuola esalta gli aspetti normali dell'attività umana, che stanno alla base della convivenza ordinata e si oppone in tutti i modi alla libertà sconfinata e rischiosa che è la premessa delle grandi innovazioni. Il genio è solo, imbocca strade impervie, si allontana dalla comunità, rischia la morte per rinascere in un altro mondo, travalica ogni limite. Perché è proprio l'esistenza dei limiti che sprona le persone creative a valicarli, a forzare le regole, a infrangere le norme. Ne segue che le norme debbono esistere ed essere individuabili. Se Einstein non avesse avuto come punto di riferimento il grande affresco della meccanica newtoniana non sarebbe stato in grado di superarlo; se non avesse avuto davanti a sé una concezione del tempo e dello spazio ben consolidata non avrebbe potuto sottoporre queste categorie a un'analisi serrata e rivoluzionaria. Limiti, quindi, regole e norme: ma con la libertà, anzi la necessità, di infrangere, superare, contravvenire. Quindi nemico del genio non è solo l'autoritarismo soffocante che spesso s'incarna nella ripetizione vacua del canone della tradizione (di cui si fa portatrice tendenziale la scuola): nemica della creatività può essere anche la libertà assoluta e senza confini. Ho spesso affermato che il vero scrittore, secondo me, è colui che non si arresta di fronte a nulla, che ha il coraggio di infrangere i tabù: ed è per questo che deve riconoscere i tabù, i limiti, le convenzioni. Bisogna peraltro ammettere che questa concezione "oltranzista" presenta rischi di ogni sorta, che spesso si manifestano in forme acute di *sofferenza*[2].

Per esorcizzare il genio e ridurlo a proporzioni meno preoccupanti si ricorre a operazioni che potremmo chiamare di "chirurgia plastica mentale": si mettono gli psicotici creativi nelle mani delle istituzioni, che li normalizzano e spesso li atrofizzano[3]. Si toglie, insomma, al genio il suo terreno di coltura, tentando di modificarne radicalmente i legami con il mondo circostante, depurandoli e razionalizzandoli. Il genio fiorisce grazie a processi misteriosi e inquietanti e la società si sforza di trasformare questi processi in algoritmi dominabili, di depurare le germinazioni occulte riconducendole a operazioni di ordinaria intelligenza analitica, di tramutare le narrazioni incomprensibili e abbaglianti dei "segnati" in asettiche descrizioni di un mondo a sua volta ridotto e semplificato, di restringere la molteplice ambiguità sussurrante delle loro visioni nell'ambito circoscritto di un freddo cammeo. Se queste criogeniche operazioni di cauterio e di semplificazione possono sòddisfare la nostra necessità di capire, cioè di ricondurre a schemi noti e a metafore morte, se possono salvarci dal panico epistemologico che ci assale di fronte alle trasgressioni creative e alla complessità inafferrabile, è anche vero che, esorcizzando il genio, ci precludiamo la possibilità di affrontare, o almeno di contemplare, i fenomeni (e noi stessi) nel loro smisurato intrecciarsi e dissolversi e rinascere sempre uguali e sempre diversi.

I limiti della descrizione razionale

Non occorre tuttavia scomodare il genio e la sua lussureggiante capacità creativa per assistere a operazioni di riduzione e semplificazione. L'impresa dell'intelligenza artificiale è, in fondo, un tentativo di ricondurre i multiformi e fluidi e ambigui adempimenti della mente umana entro l'alveo limitato e rigoroso della logica algoritmica. Si tratta di una grande amputazione, di una resezione chirurgica che solo la mente geniale (e, a quanto pare, anch'essa autistica) di Alan Turing poteva concepire. È paradossale che alcuni geni abbiano tentato di esorcizzare le caratteristiche più oscure, feconde e indescrivibili della loro mente tramite una sorta di autocastrazione. È come se la genialità del genio trascendesse la sua razionalità e, quest'ultima, volesse ricondurre quell'eccesso all'interno della propria pacata comprensione. Un'impresa riduzionistica analoga tentò John von Neumann quando, nel costruire la teoria dei giochi, propose un modello di uomo razionale, capace di prendere decisioni, ma incapace di apprendere dagli errori: questa limitazione è tipica, per esempio, di molte teorie economiche formali, che non tengono conto delle componenti irrazionali, sfocate, etiche ed estetiche del comportamento umano e, perciò, forniscono previsioni piuttosto discutibili e spesso molto lontane dalla realtà dei fatti. Ma nelle impostazioni più recenti di alcuni economisti, la rimozione degli aspetti irrazionali è stata attenuata e ciò pare abbia condotto a risultati interessanti e, forse, più aderenti alla realtà dei fatti economici. Lo conferma l'attribuzione del Premio Nobel 2002 per l'economia allo psicologo israeliano Daniel Kahneman, che ha dimostrato la presenza sistematica di componenti irrazionali nei processi decisionali umani, contro l'ipotesi, normalmente adottata in macroeconomia, che il comportamento degli agenti decisionali sia razionale e tenda a rendere massima l'utilità.

Lo stesso tentativo di semplificazione viene effettuato nei confronti di ogni fenomeno o evento o sistema complesso. Molta attenzione hanno ricevuto di recente la città e, in genere, il territorio, che gli urbanisti e i pianificatori hanno per lo più guardato inforcando gli occhiali della razionalità. Il territorio è concepito sgombro di ogni residuo della tradizione, di ogni accidente della realtà, di ogni afflato della passione, addirittura di ogni calda e palpitante presenza umana: le macerie che il tempo ha accumulato vengono rese impersonali, depurate della loro vitalità, catalogate, disinfettate e neutralizzate per consentirci di passare dal caos rimbombante e multicolore della realtà sensibile a un'immagine pacificata e astratta, che non solo viene sostituita alla brulicante complessità nativa, ma costituisce la base per l'imposizione di un ordine semplificativo e di un controllo che tende al totalitario. Ma lo spazio del territorio e della città non è neutro, omogeneo e isotropo: è denso, aggrovigliato, intessuto di ricordi e di tensioni, è uno spazio che s'intreccia col tempo per fornire una dinamica evolutiva di cui sono protagonisti gli esseri umani, i quali vi reintroducono non solo la razionalità computante e prospettica legata alla mente e al senso privilegiato della vista, ma anche la molteplicità sinestetica di tutti gli altri sensi: l'odore dei vicoli, il fetore dei rifiuti, il suono degli strumenti molteplici con cui la città suona il suo concerto, la diversa grana e morbidezza dei monumenti, delle mura, delle persone.

Sicché la città e in genere il territorio non si conoscono solo per via astratta, mediante il piano e la visione prospettica, ma anche e forse soprattutto mediante la narrazione, mediante i vari racconti che ogni abitante si costruisce e comunica a sé e agli altri, in un intreccio polifonico e variabile, che sta alla base di una concezione aperta e mutevole dei fenomeni e che, lungi dal fissarli in schemi rigidi, li apre all'avventura, alla novità, all'emozione. È solo opponendosi alla pretesa imperialistica dell'ordine, della razionalità e del controllo totale che si può ricuperare la modalità dinamica, il divenire cui tutto è sottoposto: non si deve rinunciare al divenire solo perché non è padroneggiabile dai nostri schemi che vorrebbero depurare la realtà di ogni traccia di disordine, di trasgressione, di creatività. (Decandia 2003, Schiavo 2004)[4].

Come diceva Gregory Bateson, due descrizioni di un fenomeno sono meglio di una sola. E a proposito della città (ma la cosa vale per ogni aspetto o porzione della realtà) è utile giustapporre la raffigurazione o descrizione letteraria, più in generale artistica, e la rappresentazione tecnica. L'intento dell'urbanistica contemporanea è stato a lungo quello di rappresentare il territorio in modo totale e senza residui, tramite gli strumenti razionalpositivisti, per cui descrizione e spiegazione coincidono affatto. Questa pretesa discende da una concezione assoluta e totalizzante della verità, concezione che oggi si è di molto indebolita: la verità non è pura e intera, bensì multipla, relazionale, mutevole, complessa, perfino illusoria. Dalla scoperta di questo relativismo discende una frustrazione ontologica e morale, perché il bisogno (culturale o di altra origine non ha importanza) di stabilire una linea di separazione netta tra vero e falso è uno dei più sentiti dell'uomo occidentale. Ma può derivarne anche un impegno etico forte, che si concreta nella costruzione intersoggettiva della verità relazionale come intersezione di tante verità soggettive, attraverso un negoziato continuo e faticoso: si tratta di un grande obiettivo concreto, quotidiano e inesauribile. Come ha detto il primo presidente della Repubblica ceca, Václav Havel:

> La verità si apre la strada tra i conflitti. Vivere nella verità non significa raggiungere una condizione ideale. Ciò che essa chiede è un costante processo di ricerca. (Schiavo 2004)

Se la descrizione "oggettiva" della città, e in genere della realtà, ci offre una delle sue possibili rappresentazioni, essa non ne esaurisce di certo le potenzialità di senso. E nella ricerca del senso non si possono ignorare le passioni, le pulsioni, il peregrinare e l'affaccendarsi delle persone che abitano la città (Bonomi e Rullani 2005). Il senso scaturirebbe allora dalla costante interazione dialogica e riflessiva degli abitanti, animati dai loro progetti di vita, dai loro ricordi, dalle loro tensioni, dalle loro relazioni intense e produttive con gli oggetti, le case, le piazze, le automobili, i magazzini[5]. E questa vicinanza interattiva acquista un senso individuale, di cui ciascuno è portatore e che nella vita di relazione conduce a un *embrione di senso condiviso*, sempre negoziato, contrattato, ritrattato e modificato. E questo senso che tende alla condivisione produce valore, anche economico:

Abbiamo bisogno di esploratori che raccontino, una per una, queste economie, per avere una visione diversa da quella generale che si colloca fuori del tempo e lontana dalle persone. Per produrre valore bisogna fare esperienza del tempo e stare vicino alle persone e ai loro punti di vista. (Bonomi e Rullani 2005)

Ogni esperienza è diversa dalle altre ed è in queste differenze che si annida il valore aggiunto dei ricordi e dei progetti dei singoli:

La città diventa viva e vitale solo se dà corpo ai desideri e ai racconti di chi la abita, la subisce, la sogna. (Bonomi e Rullani 2005)

La dimensione del racconto è dunque fondamentale per sostituire (o meglio affiancare) alla fredda e impersonale descrizione basata sulle macchine (in senso generale: mercati, tecnologie, burocrazie, strumenti e dispositivi) una costruzione vivente, progressiva, dinamica, che si serve delle macchine ma che non è a esse subordinata. Alla descrizione asettica, impassibile, neutra corrispondente agli strumenti computazionali e misurativi bisogna affiancare la narrazione: arborescente, impura, colorita, odorosa, meticciata e passionale.

Migrazioni e impurità

La specie umana è una specie migrante. I paleoantropologi ci raccontano storie di spostamenti, di transumanze, di esplorazioni e di diaspore. L'abito stanziale assunto nel Neolitico dopo l'adozione dell'agricoltura è un carattere sovrimposto a quello migrante, ed è un carattere recessivo, perché i sedentari non lo sono mai del tutto: sono sempre animati da una spinta alla conquista ulteriore, all'ampliamento del territorio sfruttato, all'inseguimento dell'orizzonte. Sotto sotto, anch'essi sono migranti. Non per nulla sono gli agricoltori stanziali che inventano la frontiera mobile (per esempio, negli Stati Uniti, verso l'Occidente). La differenza è forse fra chi traccia il confine provvisorio e sempre mobile di un territorio da difendere e chi non conosce alcun confine e non ha nulla da difendere se non la propria mobilità.

Nei millenni la migrazione ha portato gli uomini, nati con ogni probabilità in un'angusta valle dell'Africa Orientale, a occupare via via tutte le terre emerse a eccezione dell'Antartide: l'Asia, l'Europa e poi l'America Settentrionale e quella Meridionale, l'Oceania e l'Australia. Migrazioni e occupazioni che portarono i nomadi a dimenticare nel giro di poche generazioni la loro storia, la loro terra d'origine e molte delle loro conquiste culturali per adottarne altre. A causa delle derive genetiche mutarono perfino le loro fattezze, sicché quando gli Europei, attraversato in nave l'Atlantico, si affacceranno alle Americhe dopo alcuni millenni di vita separata, non riconosceranno nei volti, nei corpi e negli usi e costumi di quei popoli le proprie sembianze, che avranno subito un tramutamento dovuto alla separazione. Si specchieranno, senza riconoscersi, nei "selvaggi" e, non riconoscendosi, vorranno convertire, assimilare o al limite sterminare quel loro doppio inquietante. Stupiti e intimoriti da quelle civiltà aliene, non riusciranno a ricondurle a una matrice comune, e questo disconoscimento sarà alla base di ogni spinta colonialista (sfruttatrice, mercantile e soggiogatrice) fino ai tempi nostri. Solo la recente consapevolezza di un'origine comune e di un'interfecondità indice di conspecificità – consapevolezza di cui si è fatta promotrice soprattutto la scienza biologica – ha cominciato a gettare qualche dubbio sulla presunta differenza-superiorità europea.

L'incontro-scontro tra gruppi diversi ed etnie diverse che non si riconoscono discendenti da progenitori comuni si accompagna a una tenace rivendicazione di *purezza*, che contraddistingue ancora molti aspetti del nostro pensiero. Con riferimento non soltanto alla "razza", ma anche alla civiltà, alla lingua, alla cultura e alla stessa scienza, la purezza si è posta e ancora si pone come un ideale o un'ideologia difficile da scalzare e di cui sarebbe interessante rintracciare le origini storiche e mitologiche. Forse il timore della commistione con l'Altro, sia esso umano o animale, deriva dall'orrore che ispira la diversità-similitudine: temendo di essere troppo simili all'aborrito Altro, o di serbarne dentro qualche traccia, qualche goccia di sangue men che nobile, ci rifugiamo nel rassicurante mito della purezza, mito che, seppure di origine antica, può rinsaldarsi e operare solo nella fase di maturità della cultura, quando essa si sia affermata e trionfi. Così, per esempio, solo quando il re o il faraone o il condottiero abbia raggiunto, direttamente o per via ereditaria, un pieno riconoscimento del suo valore, che lo distingue dagli altri mortali, si comincia ad attribuirgli (ed egli comincia ad attribuirsi) origine o investitura divina, dunque non mescolata, pura. Ed è solo con un'opera di dolorosa autocritica che il mito può essere sfatato[6].

Perfino la scienza, nella sua fase matura, ha rivendicato una purezza di origini che, come la purezza della razza, fa parte di una leggenda sconfessata dalla storia. La scienza, come i nuovi ricchi, agogna a costruirsi una patente di nobiltà facendo dimenticare le proprie origini bastarde, brama di presentarsi priva di antenati e di fondamenti, scaturita dal nulla, autoreferenziale; ma proprio questa astorica autoreferenzialità la renderebbe inspiegabile se non sospetta. Negando la storia, il mito della purezza s'incarna nel dogmatismo della dimostrazione matematica: solo ciò che si può dimostrare per via razionale diventa reale, come se la realtà sensibile di per sé non avesse alcun valore (si pensi alla bizzarra convinzione di Galileo che il libro della natura fosse scritto in caratteri matematici). Mentre assurge a verità inconfutabile e a metro unico e totalitario, il sapere scientifico decreta una progressiva svalutazione di tutti gli altri saperi, quindi, in sostanza porta a una negazione dell'uomo.

Ma ormai siamo in grado di capire che la scienza quantitativa e matematizzata oggi vincente si è distillata in un crogiolo ribollente di scorie, passioni e credenze, dalle quali ha tratto la sua forza creativa. Furono le incessanti contaminazioni con impurità che oggi chiameremmo con sufficienza "errori" a far germogliare e fiorire la straordinaria avventura della scienza. La complessità del mondo non si può ridurre, eppure la scienza considera irrilevanti o, peggio, risolte una volta per tutte le domande fondamentali sull'uomo: chi siamo e quale diritto abbiamo di modificare noi stessi e il mondo. Liquida con alterigia le religioni, i miti, le superstizioni che pure costituiscono le sue scaturigini. Soprattutto, tende a ignorare i *bisogni* che hanno generato e continuano a generare questi saperi in apparenza soccombenti. Le grandi conquiste della scienza, che non mi sogno di sminuire, svelano un aspetto del mondo, non il mondo nella sua totalità.

La scienza, insomma, non è mai stata pura e meno che mai lo è oggi: inquinata dalla tecnica e dall'economia, essa si arrende alla cieca egemonia del mercato. Inoltre, spesso è usata come arma ideologica e politica, per contrapporla ad altre ideologie, alla religione, ai costumi, alla sensibilità comune: diventa così, nelle mani di opportunisti senza scrupoli, uno strumento fondamentalista di rozza semplicità e di pari efficacia, che ha rinunciato alla sottigliezza e alla complessità che dovrebbe contraddistinguerla per ritagliarsi a colpi d'ascia un posto nell'arena del potere.

Cervello individuale e cervello collettivo

L'intelligenza è frutto di contatto, commercio, comunicazione. La creatività pura, che distinguerei dall'intelligenza, è più misteriosa, ha scaturigini più intime e umbratili. Non pretendo certo di esaurire l'arduo problema del rapporto tra genio e intelligenza, vorrei solo limitarmi a qualche considerazione che possa contribuire a inquadrare la questione. Le componenti comuni e condivise del comportamento umano si possono attribuire a quello che si potrebbe chiamare il "cervello collettivo": quella parte cioè che, per struttura e funzione, è grosso modo simile in tutti gli esseri umani (patologie a parte). Grosso modo, dico, perché la molteplicità e la complessità dei fattori genetici, esperienziali e culturali che presiedono alla formazione e all'evoluzione del cervello introducono inevitabili variazioni che si concretano in differenze individuali: ogni cervello è unico. Tuttavia l'esperienza postnatale (culturale) tende a indebolire gli aspetti singolari del cervello e a costituire e rafforzare un insieme di tratti comuni che, estrinsecandosi nel comportamento, consentono un funzionamento soddisfacente della società. Quest'argomentazione si regge sull'ipotesi, molto plausibile, che sussista una stretta correlazione tra strutture e funzioni neurologiche e comportamento sia a livello di singolo sia a livello socioculturale.

La cultura, in questo senso, tende ad accrescere l'uniformità attraverso un incremento del cervello collettivo: ciò, favorendo la creazione di codici linguistici comuni, permette la comunicazione, aumenta l'intelligenza routinaria, ma deprime l'originalità inventiva del singolo e comprime il territorio su cui si esercitano i confronti critici e le scelte, dunque la libertà creativa.

Si può tracciare un parallelo interessante tra cervello e lingua. L'uso reale di una lingua rispecchia sempre il compromesso tra due opposte tendenze: l'espressione e la comunicazione (funzioni che corrispondono grosso modo al "cervello individuale" e al "cervello collettivo"). Ogni individuo cerca il massimo dell'espressione, ma dovendo vivere in una comunità deve sacrificare le esigenze espressive a quelle comunicative. La cultura, specie scolastica, tende a rafforzare le componenti collettive (comunicative) a scapito di quelle individuali (espressive). Ecco perché la scuola di solito favorisce l'efficienza comunicativa e inaridisce la creatività: poiché il suo compito è quello di costituire una base per il funzionamento della società, essa deve insegnare codici linguistici comuni, a scapito dei codici individuali, originali e inventivi.

S'intuisce da queste considerazioni quanto sia cruciale il rapporto tra cervello collettivo e cervello individuale, tra omologazione e specializzazione, tra uniformità esperienziale e culturale e apporto di originalità, tra comunicazione ed espressione. In ogni epoca storica e in ogni società si costituisce un equilibrio dinamico tra queste due opposte tendenze: dinamico, nel senso che esso non è mai costante, ma subisce variazioni più o meno cospicue imposte dalle circostanze socioculturali, dall'interazione tra le varie componenti della collettività e dal rapporto tra singoli e tra gruppi all'interno della compagine sociale.

Da tutto ciò segue che la cultura condivisa tempera e limita la libertà, così come, viceversa, la libertà comporta innovazioni culturali, che impediscono la fossilizzazione rituale dei meccanismi e delle tradizioni sociali. Oggi la tecnologia esercita una funzione culturale molto importante, nel senso che i processi di apprendimento, le interazioni socioeconomiche, la comunicazione e così via passano sempre più attraverso i potenti filtri costituiti dalle macchine e dai sistemi informazionali. Ciò non può non avere un effetto importante sul rapporto tra cervello collettivo e cervello individuale.

La tecnologia informazionale tende a integrarsi in un sistema produttivo, economico e finanziario dove l'efficienza comunicativa è privilegiata a scapito delle componenti espressive, cioè, per usare i concetti neurologici sopra accennati, dove il cervello collettivo prevale su quello individuale. Non solo: la globalizzazione tende a uniformare la cultura su scala planetaria, eliminando le differenze interculturali, cioè le differenze tra i cervelli collettivi corrispondenti alle diverse società, per costituire un unico cervello collettivo. Quindi, da una parte, in ogni cultura si rafforza la componente collettiva e, dall'altra, questa componente tende a diventare la stessa in tutto il mondo. Ovviamente non si tratta di un destino ineluttabile, bensì di una tendenza, e in futuro il corso delle cose potrebbe mutare, anche drasticamente, per qualche fluttuazione, sia pur minima: abbiamo visto che la nostra fragile civiltà può essere bersaglio di attentati e altre forme di sabotaggio, capaci di cambiare, almeno localmente, il corso della storia.

Un esempio di come la tecnologia informazionale, nella fattispecie la televisione, contribuisca a potenziare il cervello collettivo e la comunicazione, a scapito del cervello individuale e delle singolarità espressive, è fornito dalla storia recente della lingua italiana: un tempo usata in pratica solo da alcuni ceti colti e nella comunicazione scritta, essa è via via divenuta prevalente rispetto ai vari dialetti anche nella comunicazione quotidiana, proprio per effetto della televisione. L'apporto di libertà-espressività dei dialetti è stato sacrificato alle esigenze comunicative su scala nazionale, e si è costituita una *koiné* linguistica che si potrebbe chiamare l'italiano della televisione.

Oggi, grazie a Internet, l'inglese sta operando un analogo processo di assoggettamento e omologazione nei confronti delle altre lingue nazionali: perciò chi si ribella al predominio dell'inglese lo fa non solo per bieco nazionalismo, ma anche, a livello più o meno inconsapevole, in nome del contenuto di originalità espressiva associato alle altre lingue. In un panorama culturale dominato da una sola lingua, la residuale libertà creativa si manifesterebbe attraverso le diverse forme locali (rispetto allo spazio o ai gruppi culturali) in cui di sicuro si differenzierebbe la lingua comune: in altre parole, la dinamica globale-locale farebbe risorgere forme dialettali capaci di soddisfare, almeno in parte, le esigenze di espressione individuale.

Il processo di differenziazione interna della lingua e della cultura dominante sarebbe peraltro ostacolato dalla velocità di comunicazione consentita dai mezzi tecnologici. La creazione di nicchie linguistiche, o più in generale culturali, richiede infatti un assestamento o sedimentazione che solo l'isolamento e la costituzione di frontiere (materiali e immateriali) possono garantire. In questo senso i *confini*, favorendo la nascita e il mantenimento delle differenze, sono catalizzatori di creatività. Ciò senza ignorare quelli che possono essere, invece, gli effetti negativi della segregazione, che dipendono anche dall'ampiezza del territorio racchiuso dalle frontiere.

La globalizzazione è un fenomeno antico, che oggi si presenta su scala mondiale: essa infatti consiste nell'unificazione comunicativa (in senso lato, anche merceologico e commerciale, non solo linguistico) di un territorio la cui ampiezza dipende dalle tecniche comunicative esistenti in quel momento. Grazie alle potenti tecniche odierne, il territorio unificato tende a coincidere con tutto il mondo. Nonostante i buoni proponimenti e le belle parole in difesa delle differenze, l'unificazione comunicativa tende a divenire omologazione culturale: nel territorio globalizzato gli elementi di cultura minoritari (in particolare le parlate minoritarie) tendono a sparire (si potrebbero tracciare paralleli interessanti, anche se imperfetti, con la "lotta per la vita" che per primo Darwin osservò tra le diverse specie concorrenti in una stessa nicchia ecologica).

Per la conservazione delle differenze (il cui mantenimento e il cui confronto appaiono importanti per la creatività, quando non costituiscono invece motivo di separazione o di scontro se sono troppo forti e invalicabili) i confini sono essenziali: la rivalutazione concettuale del confine, in un'epoca dove si inneggia di continuo, con foga ideologica e acritica, all'abbattimento delle frontiere, mi sembra un elemento importante di riflessione. Solo il confine può salvaguardare la formazione e lo sviluppo di una cultura. Del resto i biologi ci insegnano che la vita nasce e si sviluppa grazie alla barriera primigenia tra l'interno e l'esterno dell'organismo. La distinzione tra me e l'altro è fondamentale per ogni tipo di sviluppo.

Il punto è che la barriera dev'essere semipermeabile, non impermeabile: deve cioè preservare dalle invasioni nocive, ma consentire uno scambio con l'ambiente, cioè appunto la comunicazione, pena la morte. A livello di nazioni il filtro costituito dalla frontiera semipermeabile consiste anche in dazi, balzelli e così via, capaci di regolare il flusso delle merci che altrimenti andrebbe a detrimento della località per favorire le grandi concentrazioni monopolistiche. Le barriere doganali, in questa visione, riacquistano una funzione differenziale importante e positiva, che non va liquidata sbrigativamente in nome di una malintesa modernizzazione.

Ogni confine racchiude un territorio in cui si presentano i due fenomeni dell'innovazione e della diffusione. Un territorio troppo piccolo non consente una comunicazione abbastanza ricca da alimentare la creatività. Ecco perché molti sono contro le frontiere, ritenendole nocive per lo scambio comunicativo e per la nascita delle idee. Ciò può accadere: se il territorio è troppo esiguo, può presentarsi un'atrofizzazione della cultura (una sorta di degenerazione per endogamia, anzi "endomemia", se vogliamo ricorrere, secondo la metafora di Dawkins, alla nozione di "meme", unità culturale analoga al "gene"). Come al solito si tratta di trovare un compromesso giusto, un sano equilibrio, tra due pericoli: l'atrofia della cultura locale per l'inedia comunicativa, causata da un confine troppo impermeabile, che circoscriva e isoli un territorio asfittico, e la sua fagocitazione da parte di una cultura esterna, a causa di un confine troppo permeabile.

Non so quanto i singoli e le società siano in grado di regolare in modo deliberato e consapevole questi equilibri e quanto, invece, essi dipendano dall'evoluzione "spontanea" delle civiltà e dei loro rapporti. La storia ci mostra esempi di civiltà che nascono, si sviluppano e poi muoiono, proprio come organismi viventi. E questa parabola sembra possedere una sorta di forza o automatismo interno, in buona misura indipendente dalla volontà dei singoli o delle popolazioni.

Se è vero, come io ritengo, che l'evoluzione culturale si svolge in base a meccanismi che non sono solo di tipo *darwiniano* (mutazione e selezione), ma anche, e forse soprattutto, di tipo *lamarckiano* (eredità dei caratteri acquisiti, cioè imitazione e diffusione, come l'apprendimento), allora non si può ignorare che – almeno sotto il profilo teorico – in biologia il lamarckismo non può funzionare. Infatti, esso condurrebbe a una perdita irreversibile e fatale di flessibilità, perdita che, nella realtà biologica, non si osserva. Se il genitore acquisisce per la sua attività quotidiana un pesante e tarchiato fisico di lottatore, le scelte di un figlio che ereditasse questa struttura sarebbero fortemente limitate: per esempio, non potrebbe mai fare l'acrobata o il fantino. Ciò porterebbe in breve la specie in un vicolo cieco. Quello che si eredita, di fatto, non sono le caratteristiche dei genitori, bensì la *possibilità di acquisire* svariate caratteristiche.

Ma se il meccanismo primo dell'evoluzione culturale è l'eredità dei caratteri acquisiti, anche la cultura potrebbe essere soggetta a una perdita nefasta di flessibilità, e di fatto si osservano i segni di una preoccupante tendenza all'uniformità culturale su scala mondiale. Alleandosi con il profitto, la monocultura potrebbe via via eliminare le alternative e spegnere l'inventiva e l'originalità che non fossero asservite al mercato. Nella storia, pare, i fenomeni di atrofia culturale di lunga durata si sono presentati in zone geografiche limitate, corrispondenti alla portata delle tecniche comunicative dell'epoca. Ma oggi che la tecnologia della comunicazione ha una portata mondiale non si può escludere che possa presentarsi un'atrofia culturale planetaria di lunga durata, e proprio a causa della globalizzazione (su un altro versante, con l'ingegneria genetica anche l'evoluzione biologica sembra subire forti iniezioni di lamarckismo e, quindi, di rigidità: anche qui il collettivo tende a soffocare l'individuale).

Nel quadro che ho tracciato, il "pubblico" (cervello collettivo) si può grosso modo identificare con il meccanismo lamarckiano e il "privato" (cervello individuale) con il meccanismo darwiniano: il primo favorirebbe la conservazione, il secondo l'innovazione controllata (questa conclusione può apparire sorprendente per chi è abituato a identificare il pubblico con il progressismo e il privato con la conservazione, il che dovrebbe far riflettere sulla forza dei pregiudizi e degli slogan acritici, specie nella sfera cosiddetta politica). Il giuoco tra i due meccanismi, e quindi il futuro della cultura e della stessa specie umana, è guidato dal rapporto che via via si istituisce tra il tasso di innovazione e la velocità di diffusione.

D'altronde l'innovazione non è fertile se non si diffonde, quindi i due meccanismi, che a tutta prima sembrano contrapposti, sono anche cooperativi. Inoltre un eccesso di privato mette a dura prova le risorse: l'originalità è faticosa. Per risparmiare risorse soccorrono i processi lamarckiani dell'*apprendimento*, che consistono in una modificazione delle strutture cerebrali (o, su altra scala, socioculturali), che poi si traduce in una modificazione delle risposte agli stimoli. Via via che gli stimoli si presentano uguali, queste risposte divengono sempre più automatiche, cioè vengono attuate senza impegnare risorse di alto livello (analisi, riflessione, attenzione), le quali possono così essere impiegate per risolvere problemi inediti. Se gli stimoli più frequenti sono comuni a tutti gli individui di una certa cultura, l'apprendimento va a rinforzare il cervello collettivo. Dunque ciò che all'inizio è privato può

18

diventare comune e contribuire al progresso della cultura condivisa. Ma può anche irrigidirsi e cristallizzarsi dando luogo a comportamenti stereotipati e irriflessi, come accade in quei fenomeni che sono riconducibili alla "psicologia delle masse"[7]. Che parte hanno le tecnologie informatiche in questo processo? Internet è un supporto che si presta al rafforzamento sia della diffusione sia dell'innovazione. Se in essa dovesse prevalere il pubblico, vale a dire l'aspetto diffusivo, allora la "creatura planetaria", cioè l'insieme integrato e connesso in rete di uomini e computer, si potrebbe descrivere come un occhio sfaccettato che osserva sé stesso che osserva sé stesso che osserva sé stesso...; mentre fa le cose, e su ogni sua sfaccettatura comparirebbe la stessa immagine nello stesso istante, come in quelle allucinanti pareti fatte di decine di teleschermi sincronizzati sullo stesso programma: con la differenza che davanti a quegli schermi c'è di solito uno spettatore che non coincide con nessuno di quegli schermi. Qui invece l'oggetto e il soggetto d'osservazione e d'azione coinciderebbero. Vi sarebbe un paralizzante sincronismo tra la cosa e la sua rappresentazione e forse il mondo si cristallizzerebbe nell'autocontemplazione.

Una prevalenza del privato, cioè un'illimitata libertà di navigazione, ideazione e fruizione, porterebbe viceversa a una frammentazione anarcoide cui il Web, per la sua struttura musiva, associativa e giustappositiva, è particolarmente incline. Con questa sua duplice valenza, Internet, insomma, ripropone, nel mondo virtuale e mediatico, le due opposte tendenze che si possono riscontrare anche nel mondo primario, cioè non rappresentato attraverso la tecnologia informazionale. Il ricorso al mondo mediatico e virtuale potrebbe, peraltro, essere necessario per la fame di novità che contraddistingue la cultura: se dovesse instaurarsi un rapporto dinamico equilibrato tra innovazione e diffusione, e se la globalizzazione creasse un mercato culturale su scala planetaria, il problema sarebbe proprio quello dell'approvvigionamento delle idee. Allora potrebbe essere utile, o indispensabile, ricorrere alla produzione di mondi, e di idee, attinenti all'artificiale. In questa prospettiva rientra il fenomeno di *Second Life* (Gerosa 2007).

E veniamo alla scienza. Bisogna qui distinguere la fase della scoperta dalla fase di sistemazione-giustificazione. Cominciamo dalla seconda, nella quale lo scienziato riveste i risultati, ottenuti nella prima fase, degli abiti con cui essi si presenteranno ai colleghi e al pubblico. La sistemazione tende ad assumere un carattere "oggettivo", grazie a un occultamento o a una negazione deliberata e artificiosa del soggetto di conoscenza, che era così vivace e attivo nella fase della scoperta: cerca insomma di fornire una descrizione-spiegazione-previsione di "oggetti" o "processi" o "fenomeni", ignorando il loro legame con il ricercatore che li ha studiati. Nel linguaggio adottato in questa fase, quindi, non è tanto importante l'aspetto espressivo, che è associato al singolo soggetto, quanto l'aspetto comunicativo.

La lingua pubblica e palese della scienza tende, cioè, a soddisfare le esigenze del cervello collettivo più che del cervello individuale: essa dev'essere soprattutto veicolo di comunicazione e non è importante di per sé, per le sue capacità espressive o per la sua tradizione e così via, cioè per i suoi aspetti linguistici intrinseci, che sono subordinati ai contenuti veicolati. Tanto è vero che gli scienziati in genere considerano poco importante la lingua in cui vengono espressi i risultati (cioè la "metalingua") e spesso tendono alla semplicità, se non alla sciatteria: usano espressioni codificate, adottano un vocabolario ristretto e ripetitivo, ricorrono a una sintassi elementare. Nel caso di certe discipline, la metalingua tende a un'essenzialità che può culminare nel formalismo della matematica. Ciò non toglie che, nella fase di sistemazione, dalla metalingua non si possa prescindere: il contenuto deve passare attraverso la metalingua, per quanto compressa e semplificata.

Le cose vanno in modo assai diverso nella fase della scoperta: qui gli aspetti espressivi della metalingua sono molto più importanti. Chiunque abbia fatto ricerca sa che quando si tenta di dimostrare un teorema, di formulare una teoria, di costruire un modello, di dar corpo a un'ipotesi, si parla tra sé e sé, oppure con i colleghi, in uno strano linguaggio, fatto di parole (italiane e inglesi e di altre lingue ancora), ma anche di immagini, di gesti, di mugolii... È una lingua-non lingua, un abbozzo o embrione di lingua, cui si ricorre per stare vicini all'idea, per andare direttamente al cuore dei problemi ed evitare di farsi catturare dalla metalingua della sistemazione o da una qualsiasi lingua naturale, con le sue regole, la sua grammatica, le sue esigenze di correttezza formale. Che importanza può avere che i risultati della scienza nascano in una metalingua piuttosto che in un'altra? In italiano piuttosto che in inglese o in cinese? O in un linguaggio misto, inedito, inaudito? Nel linguaggio del corpo e dei gesti? Qui si percorrono territori inesplorati, e come i poeti più antichi, che inventarono la lingua, il ricercatore inventa i simboli da associare alle sue intuizioni per articolarle a sé stesso. Una fase pre-omerica, pre-poetica, pre-linguistica, forse una fase della danza e del canto, condotta tra l'interno e l'esterno, tra il Sé e l'Altro.

Poi viene la fase di sistemazione, dove l'urgere si placa, la lava si raffredda, il colore e la temperatura delle idee tramutano dal bianco al rosso al bruno. Ora, come si è detto, la metalingua diventa essenziale, perché costituisce il veicolo che si usa per comunicare i contenuti a chi non abbia partecipato alla fase di scoperta, non abbia condiviso l'ebrietudine della ricerca e non si sia immerso nel magma bollente della creazione. Nonostante le resistenze degli scienziati, la metalingua reclama i suoi diritti. Ancora più importante è la metalingua quando si voglia fare divulgazione, cioè quando ci si rivolga a un pubblico vasto e non specializzato. In tal caso la metalingua è importante quanto il contenuto, anzi il contenuto deve venire a patti con la metalingua, deve piegarsi alle sue regole, alla sua gamma espressiva, alle sue valenze metaforiche e così via. Nel caso della divulgazione è dunque necessario usare una metalingua che possegga una buona flessibilità e una ricchezza sufficienti per raggiungere il pubblico e per trasportare almeno in parte i contenuti.

La simbiosi

Riprendiamo il tema del meticciamento con riferimento, in particolare, all'ibridazione tra l'uomo e la tecnologia. Cominciamo con una definizione: la simbiosi (dal greco: *vita in comune*) è un'associazione stabile e strettamente integrata tra due organismi viventi, di cui uno costituisce l'*habitat* dell'altro. L'associazione simbiotica porta vantaggi a entrambi gli organismi, che possono essere due vegetali, due animali oppure un vegetale e un animale. Il termine simbiosi fu coniato nel 1879 dal botanico Anton De Bary (1831-1887) a proposito della relazione tra le alghe e i funghi, che vivono insieme formando i licheni.

Le associazioni in genere, in particolare quelle simbiotiche, sono frequentissime. Nell'ambiente naturale quasi tutti i batteri vivono in colture miste che si scambiano informazioni genetiche e sostanze chimiche. Circa 250.000 specie di piante sono in simbiosi con funghi, circa 16.000 sono in simbiosi con batteri che forniscono loro azoto; molti insetti sono in simbiosi con batteri ereditabili racchiusi in organi speciali; alcune migliaia di specie di funghi sono in simbiosi con alcune decine di specie di alghe... In ambiente marino è tipica l'associazione tra paguro e attinia. *Pagurus arrosor* porta attaccata alla conchiglia l'attinia *Adamsia palliata*, ricevendo un'efficace protezione dai suoi cnidoblasti urticanti, mentre le assicura movimento, cibo e acqua fresca. Il paguro ha un atteggiamento attivo nei confronti dell'attinia e, se è privato della propria compagna, ne cerca subito un'altra. Ma anche le attinie, che pure sono capaci di fissarsi su qualsiasi substrato, si trasferiscono volentieri su un paguro quando questo comincia a toccarle. A partire dal significato biologico ed etologico primitivo, il termine simbiosi ne ha assunto altri. Qui c'interessa, in particolare, la simbiosi riferita all'ibridazione tra biologico e tecnologico. Ciascuno di noi, più o meno circondato e invaso dalla tecnologia, sta diventando una cellula ibrida di una sorta di macrorganismo che invade tutto il globo: in modo ancora semiconsapevole, ne costruiamo dall'interno il metabolismo e il sistema nervoso. Ci avviamo a diventare gli elementi costitutivi, i neuroni, gli organi, le cellule, di una *creatura planetaria* che si è sviluppata finora tramite i meccanismi tipici di ogni sistema complesso: l'autorganizzazione, l'autocatalisi, la coevoluzione, la simbiosi (Longo 2001, 2003). Tale creatura potrebbe in futuro diventare sede di un'intelligenza collettiva e forse di una coscienza collettiva, e già oggi si sta attuando in essa una progressiva confusione tra naturale e artificiale[8].

Questo sviluppo comporta una radicale trasformazione dei nostri metodi conoscitivi, che passano dall'analiticità tipica della scienza fisico-matematica tradizionale alla sintesi manipolativa e simulativa consentita dalle nuove tecnologie: la sfida posta dalla necessità di comprendere e gestire la complessità della creatura planetaria può essere affrontata solo con i nuovi strumenti, in particolare con la simulazione. In questo senso il computer diventa lo strumento di elezione per lo studio della complessità organizzata. Le strutture e i processi che si ritrovano a varie scale sia nella natura sia nei sistemi allestiti dall'uomo sembrano offrirsi a uno studio unificato, ma bisogna appunto impadronirsi dei nuovi strumenti: questo mutamento epistemologico ha effetti importanti sul modo in cui conosciamo (e progettiamo) il mondo e sul modo in cui trasmettiamo la cultura.

Si profila, in questa direzione, una scoperta o riscoperta del pensiero multiplo, sistemico, il solo capace di comprendere la molteplicità e la complessità del fenomeno globale: di contro all'analisi cartesiana, con tutti i suoi meriti, si propone l'impostazione sistemica, capace, in linea di principio o in linea di speranza, di evitare la frammentazione del sapere in una moltitudine di isole separate e sempre più specialistiche. L'analisi spezza il complesso del mondo in schegge disgiunte e i modelli possono aderire ai fenomeni solo localmente: incapace di restituirci un'immagine globale e coerente, l'analisi diluisce e disperde il *senso*.

Con riferimento alla simbiosi bio-tecnologica, un problema fondamentale è costituito dalla *velocità crescente* di questa ibridazione. L'introduzione delle tecnologie e la loro integrazione con il biologico, in particolare con il biologico umano, obbediscono a certe leggi (sia pure statistiche e non rigide) di carattere generale. Tra queste leggi è importante menzionare il carattere *autocatalitico* dell'innovazione tecnologica: l'innovazione è retta da una retroazione positiva, cioè più innovazioni ci sono più innovazioni ci saranno. Questo vale in particolare per le tecnologie della comunicazione e dell'informazione. Per esempio, la diffusione del telefono è basata su un meccanismo autocatalitico: più il telefono si diffonde più la sua ulteriore diffusione è facilitata (perché i costi di installazione e di esercizio tendono a decrescere mentre l'aumento del numero di abbonati rende l'uso del telefono sempre più utile). Lo stesso vale, grosso modo, per Internet.

Questi anelli di retroazione positiva inducono, in genere, una grande accelerazione nel processo di diffusione delle tecnologie e, di conseguenza, nel processo di ibridazione con l'uomo. La contrazione dei tempi di costituzione dei simbionti a tutti i livelli non è un fenomeno irrilevante: essa è la prima causa dei disadattamenti e delle tensioni che si creano sempre nei processi di ibridazione e nei loro risultati. Ancora una volta la variabile *tempo*, dunque la storia, si rivela fondamentale nella descrizione e nella comprensione dei fenomeni evolutivi, dei fenomeni complessi e, in particolare, della simbiosi tra il biologico e l'artificiale. In effetti, sembra che oggi la velocità dell'innovazione tecnologica e dell'ibridazione bio-tecnologica superi la capacità di adattamento armonioso tra le due componenti e sia, quindi, causa di acute *sofferenze* (Longo 2003).

Per completare questo quadro generalissimo sulla simbiosi, ecco alcuni esempi importanti in cui una delle componenti del simbionte è l'uomo: l'uomo e le specie domestiche (animali, piante, batteri); l'uomo e gli spazi da lui modellati (la casa, la città, l'ambiente più o meno esteso); l'uomo e le macchine da lui costruite (da quelle meccaniche a quelle elettriche ed elettroniche); l'uomo e la nuova biologia "artificiale" da lui costruita e usata. C'è un altro caso, che si potrebbe considerare una miscela dei precedenti, ma che preferisco menzionare in modo esplicito. Da sempre l'uomo assume farmaci: prima, a lungo, naturali, poi, di recente, sintetici. Con la chirurgia il corpo viene manipolato in modo più o meno grossolano, non più solo chimico, ma anche meccanico. Queste pratiche si scontrano con il concetto di un'identità stabile legata al corpo biologico. Dopo i trapianti organici, la medicina moderna ci presenta ulteriori meticciamenti tra organico e non organico: protesi e apparecchi sempre più intimi e sempre più estranei alla storia biologica. La bioingegneria ci propone anche ibridazioni di organico "naturale" con organico "artificiale".

Allo stesso tempo, l'umanità appare sempre più proiettata verso una sessualità di nuovo tipo, anzi verso una scomparsa della sessualità come strada regia della riproduzione: disaccoppiando sessualità e riproduzione andiamo verso la *produzione* di noi stessi. Come sono lontani i tempi in cui i trapianti di organi ci parevano miracoli un tantino diabolici, per quel residuo di sacralità che ancora aleggiava intorno al corpo! Nel frattempo questi interventi (i trapianti di cuore, fegato, reni, arti e, da ultimo, di faccia, le applicazioni di pelle sintetica, la dialisi, le pratiche di cosmesi e di chirurgia plastica...) sono diventati comuni e sono stati affiancati da pratiche molto più audaci: terapie invasive basate sulle cellule staminali, che introducono nel corpo una sorta di colonia infestante, in grado di rigenerare qualunque tessuto e di rinnovare il soggetto, tramutandolo in altro, uguale a prima ma diverso da prima, capace di prestazioni nuove, di vita ulteriore, di sentimenti inauditi.

Da questa rapida panoramica, si può concludere che la simbiosi, il meticciamento, l'associazione, l'ibridazione s'incontrano ovunque: non solo in biologia, ma anche nella cultura in tutte le sue manifestazioni. Si tratta di un vasto processo sistemico ed evolutivo, che sta alla base di ogni possibile tentativo di interpretazione filosofica, scientifica e narrativa della realtà. È, in senso letterale e in senso metaforico, una vasta e molteplice migrazione verso orizzonti diversi e inattesi. Da questo complesso fenomeno sono stati via via ritagliati sottofenomeni particolari, di cui si sono proposte interpretazioni, letture, teorie e modelli, volti a fini specifici. Nulla di male, se si tiene presente la natura parziale e provvisoria di queste spiegazioni: *tout se tient* e noi siamo nel tutto. Forse questa complessità si può solo narrare.

L'ambiente altamente artificiale che ci stiamo creando intorno postula, per ragioni coevolutive, l'avvento di una nuova (pseudo)specie, che ho chiamato *homo technologicus* e che si presenta come un simbionte di *homo sapiens* e di strumenti tecnologici, specie informatici e pian piano anche biotecnologici (Longo 2001).

L'inseparabilità delle due componenti del simbionte solleva un problema: a quale delle due parti attribuire le varie funzioni conoscitive e attive di *homo technologicus*? La questione è forse solo apparente, proprio perché il simbionte è inscindibile. Eppure il problema si pone, se non altro perché le azioni degli esseri umani hanno *senso* e sono riflesse nella *coscienza*: il senso è radicato nel mondo e nella storia, e precede le azioni, mentre la coscienza ci dà la dimensione soggettiva del sé, in modo elusivo ma irrefragabile, e fa rimbalzare il senso dalle cose al soggetto. Sembra quindi che il senso (come la coscienza) abbia a che fare con la parte biologica del simbionte, di cui è probabilmente un portato evolutivo che ha avuto e forse ha ancora valore di sopravvivenza, mentre le capacità cognitive e la creatività si possono attribuire anche alla parte inorganica: chi conosce e chi crea e chi pensa è il simbionte nel suo complesso. Non sembra lecito limitare l'attività cognitiva alla sola parte organica. Allo stesso modo la domanda che molti si pongono, cioè se le macchine possano pensare, è mal posta, perché è sempre il complesso uomo-calcolatore che pensa. Solo la *consapevolezza* di sapere e di pensare appartiene ancora una volta alla componente biologica. Bisogna poi distinguere l'intelligenza dal senso: anche la componente macchinica, grazie all'intenso scambio di messaggi che vi si svolge, contribuisce all'attività pensante, ma questi messaggi non hanno *senso* finché non vengono interpretati dalla componente umana (lo stesso accade per i messaggi scambiati in Rete, che hanno senso solo grazie alla presenza degli esseri umani ai terminali).

Tornando alla creatività, da sempre l'uomo è inseparabile dagli strumenti della sua tecnologia e ciò è tanto più vero nel caso dell'*homo technologicus*. Gli strumenti informatici "filtrano" la creatività così come filtrano percezione, cognizione e azione: il filtro costituito dall'interfaccia informatica è, come sempre, un filtro selettivo, perché potenzia o crea certe facoltà e ne indebolisce o sopprime altre. Insomma la nostra immersione nel mondo, quindi anche il senso e la coscienza, sono filtrati dagli strumenti. La creatività viene dunque influenzata dalla tecnologia e modifica le proprie caratteristiche, perché il filtro strumentale crea aspettative e prospettive che altrimenti non ci sarebbero. Chi si accinge a dipingere col pennello ha aspettative diverse da chi intende usare il computer[9].

Formalismo e complessità

Tanto per l'artista quanto per il pubblico, l'arte non esiste; esiste solo per i critici e per coloro che vivono solo col lobo anteriore del cervello

Lawrence Durrell

La logica è ferrea, sì, ma non resiste a un uomo che vuol vivere

Franz Kafka

Viviamo in un tempo nel quale l'etica è al centro di forti tensioni: da una parte ne sentiamo fortemente il bisogno, dall'altra assistiamo a una sua crisi profonda, anche perché, presi da una serie di pressanti problemi politici ed economici, l'abbiamo trascurata. Ma il mondo è "galantuomo" e nella sua complessità ci riporta con urgenza a problemi che pensavamo di aver superato. Il Novecento, secolo che alcuni hanno definito "breve", perché comincerebbe dalla prima guerra mondiale e terminerebbe con la caduta del muro di Berlino, è stato invece un secolo lunghissimo, per il rapido incalzare di eventi belli e brutti, infami ed entusiasmanti, e per le trasformazioni fondamentali che sono avvenute in tutti i settori dell'attività umana.

Uno dei fatti più dirompenti, le cui conseguenze sono ancora da valutare, è stato lo sviluppo della tecnoscienza, il quale ha recato alcune importanti novità. Una di queste novità riguarda la natura delle macchine: alle macchine che elaborano e trasformano materia ed energia (come le locomotive, le automobili e gli impianti chimici) si sono affiancate macchine che trasformano informazioni, come la televisione, i computer e le reti. Non si tratta di un fatto banale: le macchine, come tutti gli strumenti costruiti dalla tecnologia e che ci servono per interagire con il mondo, hanno sulle pratiche sociali e sugli individui che se ne servono effetti molto profondi e tanto più importanti quanto più le tecnologie sono silenziose e trasparenti.

Come l'uomo costruisce gli strumenti, così gli strumenti, retroagendo sull'uomo, contribuiscono alla sua evoluzione e alla comparsa di caratteristiche e capacità latenti, a volte addirittura insospettabili. Insomma, si può affermare che l'evoluzione della tecnologia contribuisce potentemente all'evoluzione dell'uomo. Le "macchine della mente", come i computer, modificano profondamente la nostra capacità di interagire con il mondo e, addirittura, la nostra visione del mondo. Basta pensare a come il computer ha modificato le pratiche scientifiche introducendo, accanto alle teorie e agli esperimenti, la *simulazione*. La fisica ne è uscita trasformata, è nata l'intelligenza artificiale, la matematica computazionale ne ha avuto una spinta poderosa. In più, tutta la nostra epistemologia è stata trasformata (per alcuni sconvolta) dal computer.

L'uomo possiede due modalità di conoscenza: da una parte gli affaccendati meccanismi del corpo, il lavoro delle cellule, dei neuroni, degli organi; tutto questo fervore fornisce all'individuo una conoscenza profonda, quasi del tutto inconsapevole, implicita, che gli consente di muoversi con disinvoltura nel mondo, di mantenere la propria integrità e di soddisfare i propri bisogni. Questa conoscenza profonda costituisce la base indispensabile per l'altra forma di conoscenza, la conoscenza alta, razionale, di cui abbiamo esperienza consapevole e che in fasi recenti dell'evoluzione abbiamo cominciato a esprimere prima attraverso la lingua, poi attraverso altri sistemi simbolici via via più univoci e precisi, fino a giungere alle formule rigorose della matematica. Questo percorso riflette bene il lungo tentativo della scienza occidentale di trasferire le conoscenze dalla modalità biologica, incarnata nella struttura e nelle funzioni del corpo, a quella razionale, disincarnata e (quasi) distaccata dal mondo. A questo tentativo di formalizzazione sono state sottoposte prima la fisica e poi via via altre discipline, che, forse soggiogate dai mirabili risultati ottenuti dalla fisica matematica, si sono sottoposte volentieri a un'impostazione formale e astratta sempre più spinta, ma non sempre adeguata ai loro oggetti. La marcia del formalismo è andata di pari passo con la convinzione che non esistano forme di conoscenza diverse da quella di tipo fisico-matematico: ogni fenomeno può (e quindi deve) essere ricondotto a una spiegazione di tipo fisico. Fino a tutto l'Ottocento quest'aspirazione riduzionista si era limitata a invadere la realtà inanimata, poi questo tentativo imperialistico si è esteso anche ai domini del vivente e del sociale, con conseguenze cospicue.

Ai primi del Novecento, il grande matematico David Hilbert varò il progetto ambizioso di costruire un formalismo matematico totale, chiuso in sé, non contraddittorio e perfetto, assolutamente privo di ambiguità. Ma questo programma, che avrebbe dovuto portare la matematica al culmine della coerenza e all'univocità cristallina, trovò una barriera insormontabile prima nei paradossi logici e poi nei teoremi di limitazione di Gödel. L'ambizione iniziale si scontrò con il fatto sorprendente e oltraggioso che il formalismo matematico non poteva essere del tutto separato dal mondo, perché a esso era legato dal metalinguaggio, cioè dalla lingua (naturale) con cui si parla *della* matematica. Il metalinguaggio reintroduceva nel sistema formale l'indeterminatezza del mondo proprio quando si credeva di poterla eliminare del tutto per ottenere un quadro coerente e completo. In matematica si deve insomma decidere tra completezza e coerenza, entrambe non si possono ottenere. Ci si dovette arrendere all'evidenza: anche il discorso più coerente e univoco si nutre e s'intorbida dell'ambiguità che promana dal mondo attraverso la lingua ordinaria e che contamina tutti i linguaggi simbolici da essa distillati. Insomma, la traduzione del mondo nel formalismo, come tutte le traduzioni, è per necessità incompleta e lascia un residuo intraducibile la cui importanza non può essere trascurata in nome di un'ideologia o di un desiderio.

Inoltre, grazie alla matematica applicata, all'informatica e ai calcolatori, la realtà fisica conoscibile ha rivelato una complessità irrimediabile, nella quale si annida un'estrema sensibilità alle condizioni iniziali e alle condizioni al contorno. Gli effetti che sul nitido quadro ideale hanno la finitezza delle velocità, l'accumulo dei ritardi, le inerzie meccaniche e le stranezze quantistiche sono un indice non solo dell'incompletezza fondamentale di ogni nostra descrizione, ma anche della natura non lineare dei fenomeni. La linearità consiste nella proporzionalità tra cause ed effetti: per avere effetti grandiosi bisogna che agiscano cause grandiose. Ebbene, nella maggior parte dei sistemi naturali ciò non è vero: da cause minime possono scaturire effetti imponenti, proprio perché il rapporto tra causa ed effetto non è lineare, e questa circostanza è tipica dei sistemi complessi, per esempio dell'atmosfera terrestre. Fare previsioni meteorologiche è molto difficile, proprio perché da eventi minimi possono derivare conseguenze enormi. Fu proprio un meteorologo, Edward Lorenz, che negli anni '60 coniò la locuzione "effetto farfalla": basta il battito d'ali di una farfalla nel mar dei Caraibi per provocare, dopo qualche tempo, un tifone nel mar della Sonda, all'estremo opposto del globo.

Si delinea dunque, e non solo per una pressione culturale esterna, ma anche per gli sviluppi interni della scienza, il fallimento del progetto di formalizzazione coerente e totale: se questo progetto non può riuscire nella matematica, che è l'attività umana più lontana (ma non separabile) dal mondo, è lecito nutrire dubbi molto seri che possa riuscire altrove. In particolare, perché possa riuscire in intelligenza artificiale dovrebbe riuscire in tutti i domini, perché l'intelligenza artificiale pretende di descrivere *tutto* mediante algoritmi: come si vede, si tratta di un'impresa temeraria, e non è un caso che le ricerche in questo campo stiano subendo una svolta importante, che le conduce a impostazioni di tipo evolutivo.

Nel Novecento la modalità di conoscenza razionalcomputante ha cominciato a trovare attuazione non soltanto nella mente dell'uomo, ma anche nelle macchine dell'informazione. Nell'evoluzione umana si è passati da un sistema conoscitivo attuato dal corpo nella sua struttura e nelle sue funzioni biologiche (sistema che risale a 30 o 40 milioni di anni fa) a un sistema più recente sotto il profilo evolutivo (risale a circa centomila anni fa) e posteriore nello sviluppo dell'individuo: il sistema della conoscenza esplicita, attuata nelle forme della logica astratta e in genere nella razionalità. Allo stesso modo anche nella tecnologia si è passati dalle macchine della materia e dell'energia alle macchine dell'informazione. Questo passaggio è stato talmente importante e suggestivo che è nata la doppia metafora del calcolatore come cervello e del cervello come calcolatore, fino alla loro assimilazione completa: l'uomo, quanto ai suoi aspetti conoscitivi, è un computer. Siccome poi la mente è ormai considerata la componente più importante dell'uomo, l'uomo tutto diventa un computer, cioè una macchina. Questo riduzionismo macchinico ha provocato entusiasmi, ma anche forti reazioni negative, che si sono manifestate in tentativi, a volte anche ossessivi e stravaganti, di recupero della corporalità.

Nella seconda metà del Novecento ha avuto luogo un altro fenomeno di enorme portata pratica e concettuale, che descriverei come il sorpasso della scienza da parte della tecnologia. Per i Greci conoscere qualcosa equivaleva a possederne una teoria esplicita ed espressa in termini precisi (oggi diremmo mediante una formula o un algoritmo). L'Occidente ha ereditato questa propensione alla razionalità formale e alla precisione teorica e ha sempre reputato l'intelligenza speculativa, che costruisce i teoremi della matematica o gli edifici della filosofia teoretica, superiore all'intelligenza pratica, che ci consente di attraversare incolumi una strada o di guidare un'automobile nel traffico cittadino. Inoltre il culmine della scienza occidentale viene raggiunto con il formalismo matematico.

Oggi tuttavia il quadro sta cambiando. La tecnologia, in particolare quella legata all'elaborazione e alla trasmissione dell'informazione, si sviluppa in modo così rapido e tumultuoso che la teoria non riesce più a starle dietro. La velocità e la complessità della tecnologia impediscono spesso alla scienza di tracciarne un quadro esplicativo coerente e completo e di fornire risposte certe ai problemi applicativi: che cosa accadrà se userò il tale farmaco, se devierò il corso di questo fiume, se modificherò il corredo genetico di quella specie? Per entrare sul mercato e nelle nostre case la tecnologia non aspetta più la scienza e le sue patenti di legittimità. In certa misura è sempre stato così: molte tecniche elementari non hanno mai avuto bisogno di una giustificazione teorica, ma con l'aumentare della complessità, diciamo dalla metà dell'Ottocento in poi, sempre più spesso le applicazioni sono state frutto di rigorosi studi scientifici. Sembrava anzi necessario ricorrere in ogni caso a una precisa base teorica: Guglielmo Marconi era sogguardato dagli accademici suoi contemporanei con una certa sufficienza perché la radio era il frutto più di una fortunata e fortunosa intuizione che di seri studi di elettromagnetismo (si trattava di uno dei tanti tentativi di normalizzazione del genio). Non intendo con ciò sbrogliare l'intricatissimo rapporto tra scienza e tecnologia, ma solo rilevare che oggi, soprattutto grazie all'impiego delle tecnologie informatiche e della simulazione, la nostra capacità di agire ha superato di molto la nostra capacità di prevedere. È interessante anche osservare che, in genere, gli utenti degli strumenti tecnici non si curano affatto di comprenderne il funzionamento. La tecnologia è importante per ciò che ci consente di *fare*, non di *capire*.

La circostanza che oggi molti ritrovati tecnici non abbiano una spiegazione teorica, di tipo scientifico, comporta una trasformazione dello statuto epistemologico della tecnologia, che si accompagna a un'altra profonda trasformazione: la tecnologia tende a produrre non più "macchine" isolate e ben individuabili, come in passato, bensì "complessi" artificiali privi di confini precisi, spesso dotati di una struttura articolata (di tipo quasi organico), ma non definita, che s'intersecano in modo frastagliato e quasi caotico con altri prodotti artificiali o naturali (vengono in mente le zone di confine degli insiemi frattali). Per esempio, i prodotti della biotecnologia s'infiltrano in modo difficile da districare nei prodotti dell'evoluzione naturale. Il caso delle biotecnologie è interessante, anche perché manifesta il carattere *incompiuto* che oggi ha assunto in molti casi la progettazione: si costruisce un "embrione tecnologico" e poi lo si lascia sviluppare in un ambiente favorevole, con il quale può interagire in modi imprevedibili e svilupparsi in direzioni talora sorprendenti.

Ho parlato sopra di "teoria" della complessità, ma questa definizione è impropria, perché il concetto di complessità è molto elusivo e sfaccettato e perché non esiste una vera e propria teoria che abbia al suo centro questo concetto. Grosso modo, un sistema è complesso quando è costituito da un numero molto grande di componenti o sottosistemi che sono legati tra loro da relazioni di tipo interattivo. Quasi tutti i sistemi in natura sono complessi, e questo ha alcune conseguenze importanti: in primo luogo non si possono trascurare le *interazioni* tra i sottosistemi componenti. Il metodo riduzionista cartesiano, quello adottato in genere dai fisici, prescrive di trascurare le relazioni fra i sottosistemi e di studiare questi sottosistemi separatamente: ma le relazioni sono "pericolose" e, se trascurate, si vendicano. Se dopo averle ignorate e avere studiato i sottosistemi separatamente, volessimo studiare il sistema complessivo rimettendo insieme le sue componenti, i risultati non sarebbero confortanti. Avendo trascurato le relazioni, rischieremmo di ottenere un sistema complessivo molto diverso da quello di partenza: il metodo riduzionista rivelerebbe i suoi limiti. Se si cercasse inoltre di trasferire il metodo cartesiano delle scienze naturali alle scienze umane, si andrebbe incontro ad amare sorprese: nei fenomeni sociologici, psicologici, storici, le interazioni sono fondamentali e imprescindibili. Non possiamo trattare gli esseri umani come in fisica si trattano gli elettroni, cioè come entità (quasi) isolabili. Se lo facciamo, rischiamo di approssimare troppo e ricavare modelli inadeguati. Ci si deve render conto che il mondo abitato dagli umani è complesso e non riducibile.

La scoperta della complessità, mi si passi questa locuzione, ha modificato il nostro atteggiamento epistemologico. Per esempio ci ha costretto a valutare l'*ambiguità* in modo diverso che per il passato. Infatti l'ambiguità, con riferimento alla condotta umana, è sempre stata deprecata, mentre oggi risulta essere una componente fondamentale della nostra descrizione della realtà e del nostro interagire con essa. Siamo spesso costretti ad ammettere, non per scelta, ma perché è inevitabile, che l'ambiguità è l'elemento creativo necessario a introdurre la tensione morale e psicologica che dà luogo a qualcosa di nuovo. Nella fisica tradizionale il concetto di nuovo è bandito. Le leggi che reggono il mondo sono universali e atemporali. Come può dunque, in questa visione così statica e ripetitiva, crearsi qualcosa di nuovo?

Anche la storia, sotto l'influsso di questa visione scientifica universalistica, è stata considerata un ripetersi costante di eventi uguali fra loro, ma la presenza dell'uomo è di per sé stessa fonte e spia di instabilità. Ammettendo che l'interazione soggetto-oggetto sia inevitabile, così nella storia come nella fisica, si ottiene un'immagine evolutiva del mondo, una visione che comprende lo scaturire delle novità che abbiamo di continuo sotto gli occhi. Intendere la storia come un ciclo ripetitivo, soggetto a leggi universali e immutabili non consente di spiegare il nuovo, che pure si presenta ad ogni istante: se non altro la presenza di ciascuno di noi, la vita unica e irreversibile e la morte di ognuno sono elementi di novità nella storia del mondo che esigono considerazione. Che ne sarebbe infatti, in quella visione statica e ripetitiva, delle storie individuali, della responsabilità, dell'etica? C'è bisogno di una profonda revisione dell'impostazione tradizionale, e la complessità ci dà forse il destro per riaggiustare il discorso.

Etica ed estetica

C'è un fervore di novità che ci porta dall'immagine asettica e archimedea della scienza a un vissuto in cui l'uomo, la conoscenza, la storia e l'etica sono molto più legati tra loro. Le interazioni sono più strette, il problema etico diviene pressante, soprattutto per il ritmo mozzafiato con cui procedono le innovazioni tecnologiche, che ci obbligano a una revisione continua dei valori. L'etica non ha il tempo di formarsi, che subito viene rimessa in discussione e lacerata da novità che ci obbligano a profonde revisioni del nostro rapporto con noi stessi e col mondo. A mio parere, alla crisi dell'etica ha contribuito non poco la scoperta della nozione di *codice*, che è uno dei pilastri della teoria dell'informazione.

Un codice artificiale è la corrispondenza (arbitraria, ma condivisa) che si istituisce tra due oggetti qualsiasi del mondo. Quando mi accordo con un corrispondente lontano e dico "nero significa pioggia" e "bianco significa sereno" si capisce che questa corrispondenza è arbitraria (avrei potuto sceglierne un'altra qualunque), ma si capisce anche che l'altro deve condividere lo stesso codice, altrimenti la comunicazione diventa impossibile.

Accanto ai codici arbitrari, esistono codici "naturali": il fumo segnala la presenza del fuoco, l'albero segnala la presenza delle radici... Vi sono anche casi intermedi: le lingue "naturali" sono codici arbitrari, ma condivisi da un numero di persone talmente grande e da un tempo talmente lungo da apparire, appunto, naturali. Così appaiono naturali il codice delle forme o il codice dei colori, che sono basati su una fisiologia e su una cultura ampiamente condivise.

Una volta chiarito che in ogni codice vi sono elementi di arbitrarietà, è facile compiere il passo successivo, cioè chiedersi perché mai continuare a usare i codici della tradizione e non crearne di nuovi del tutto artificiali e arbitrari. Per esempio, si può immaginare di costruire lingue artificiali, come l'esperanto o i linguaggi di programmazione, e di usarle invece delle lingue tradizionali.

Muniti di questo concetto, l'arbitrarietà dei codici, possiamo tentare un'interpretazione interessante della storia culturale del Novecento. Sono stati scoperti e usati codici arbitrari non solo nella tecnologia o nella scienza, ma in molti altri ambiti (musica, letteratura e così via). La pittura, per esempio, per molto tempo è stata guidata da un intento mimetico nei confronti della natura, attraverso raffinate codificazioni rappresentative (per esempio, la prospettiva rinascimentale di Piero della Francesca). All'improvviso, si pensi alle *Demoiselles d'Avignon* di Picasso (1907), tutto si dissolve. Si scopre che si possono usare altri codici, non condivisi, che non fanno parte di una tradizione storica, ma che anzi nascono da un rifiuto della tradizione. Naturalmente anche questi codici arbitrari, se vivono abbastanza a lungo, fondano una tradizione e vengono via via percepiti come "naturali": i quadri degli impressionisti, che a suo tempo furono oggetto di rifiuto, per noi sono capolavori "normali". Si capisce da questo esempio come ciò che è considerato naturale dipenda dall'epoca e dalla cultura. La scoperta dell'arbitrarietà dei codici ha sconvolto i legami tradizionali tra uomo e natura, che si esprimevano nell'estetica e nell'etica.

Che cos'è l'etica? Non esiste una sola risposta; si tratta di negoziarle tutte e di trovare un terreno comune. Credo che sia conveniente partire dall'*estetica*. Ogni essere umano si sviluppa all'interno di una storia evolutiva che riguarda la specie e di una storia evolutiva, molto più breve, che riguarda l'individuo. Entrambe le evoluzioni, della specie e dell'individuo, sono co-evoluzioni, nel senso che ciò che si evolve è il complesso "uomo+ambiente": l'uomo e l'ambiente sono in forte interazione reciproca, e quando si modifica l'uno deve modificarsi anche l'altro per mantenere, per quanto possibile, l'equilibrio dinamico tipico dell'evoluzione. Si ha a che fare dunque con una sorta di auto-organizzazione del complesso "uomo+ambiente": il complesso manifesta proprietà che i due sottosistemi (l'uomo e l'ambiente) da soli non presentano. È grazie a quest'auto-organizzazione e grazie alle proprietà emergenti del complesso che assistiamo a fenomeni come la nascita di nuove specie o lo sviluppo, in una specie, di caratteristiche evolutive nuove, per esempio l'intelligenza simbolica o il linguaggio.

Nel corso di milioni di anni questa dinamica co-evolutiva deve pur aver lasciato il segno sia nell'ambiente sia negli individui della specie. Allora, quando contemplo un tramonto, è tutta la (storia della) specie umana che contempla il tramonto, insieme con me e attraverso di me. Queste esperienze ripetute rafforzano sempre più, nel tempo, i caratteri prevalenti della dinamica interattiva, per esempio il senso di soddisfazione, la spinta simbolica, le necessità espressive. Dunque i canoni estetici, che intendo semplicemente come il riconoscimento interiore (vibratile e inequivocabile) del bello, hanno una robusta radice co-evolutiva e sono profondamente inseriti e codificati dentro di noi. Con una frase banale, ma espressiva, si potrebbe dire che "fanno parte del nostro DNA". Se definiamo "naturali" questi codici estetici, è proprio perché la storia co-evolutiva ha fatto sì che essi venissero condivisi da tutti gli umani e stessero alla base della specie. Nasciamo tutti dotati di questi codici, poi subiamo i condizionamenti ambientali, in particolare culturali. L'interazione con l'ambiente ha carattere storico ed evolutivo, quindi l'estetica è fenomeno storico ed evolutivo.

Dalle origini della civiltà l'ambiente è divenuto sempre più artificiale. Benché sia immerso nel mondo naturale e sia quindi soggetto alle sue leggi, l'uomo vive pur sempre in un ambiente da lui costruito, fortemente segnato dalle informazioni, dai simboli, dalla comunicazione e, sempre più, dalla virtualità. In questo senso l'estetica, da codice naturale, ha assunto progressivamente anche venature di artificialità, di "cultura," nel senso che percepiamo il bello anche negli oggetti artificiali (un quadro, un quartetto d'archi...). I codici estetici culturali si evolvono più rapidamente di quelli naturali, così come la cultura si evolve più rapidamente della biologia. Inoltre i codici culturali e i codici naturali non restano separati, ma interagiscono tra loro in modo complicato: la visione del tramonto di un europeo colto del Duemila è filtrata da una serie di condizionamenti culturali che la differenziano dalla visione che dello "stesso" tramonto poteva avere un cavernicolo del paleolitico. A livello individuale nasciamo con un *imprinting* estetico ereditario legato alla fisiologia, dunque all'evoluzione, e nel corso della vita accumuliamo esperienze estetiche (naturali e artificiali) più o meno analoghe a quelle dei nostri consimili più prossimi per cultura. Questo spiegherebbe anche le differenze nell'estetica dei vari popoli nello stesso periodo storico e le differenze tra i vari periodi storici per lo stesso popolo: queste differenze derivano dal diverso sviluppo culturale. La cultura, imboccando strade diverse, foggia i codici estetici in modi e in forme diverse.

I codici estetici "naturali" (ammesso che li si possa distinguere da quelli culturali) sono più uniformi sotto il profilo geografico e meno soggetti a variazione storica rispetto a quelli culturali, ma sono anch'essi casuali, o meglio contingenti, perché si sarebbero potuti formare in modo diverso. La storia evolutiva è piena di contingenze, cioè di possibilità che si sono affermate per meccanismi aleatori, ma che potevano anche restare pure potenzialità. Le potenzialità che non si sono attuate sono andate perdute, e a posteriori ci sembra che ciò che è sopravvissuto sia necessario. Invece c'è una forte dose di casualità. Se riconosciamo nella storia evolutiva, come in quella culturale, il ruolo essenziale della contingenza e del caso, siamo meno propensi a dichiarare necessari e inevitabili i codici "naturali", ed è quindi fondato attribuire loro una certa dose di arbitrarietà. È un'arbitrarietà non ascrivibile alla capricciosa volontà degli uomini, ma solo al carattere contingente dell'evoluzione: eppure si tratta di arbitrarietà, anche se, a posteriori, presenta i tratti cogenti e giustificabili di una necessità.

Alla luce di queste considerazioni, possiamo immaginare di sostituire i codici "naturali" con altri codici, questi sì dovuti all'inventiva arbitraria dell'uomo. Ciò è accaduto in passato, e in particolare nella prima metà del Novecento, quando sono state inventate le scale musicali tonali, la pittura cubista, la letteratura combinatoria... tutti "esperimenti" che mettevano in crisi quelli che fin lì erano stati considerati codici naturali per la loro forza consuetudinaria. Anche oggi gli artisti sperimentano nuove forme di comunicazione tra uomo e ambiente e di "rappresentazione" (in qualche senso del termine, perché a volte l'"oggetto" rappresentato è puramente virtuale, dunque in un certo senso inesistente) che possono via via radicarsi nell'individuo e, con il tempo, magari anche nella specie.

Bisogna tuttavia aggiungere che la "naturalità" dei codici tradizionali, pur derivata dalle contingenze, ha una sua base fisiologica importante. Le contingenze che hanno portato all'estetica sono le stesse (o sono in armonia con quelle) che ci hanno portato a essere quello che siamo sotto il profilo anatomo-fisiologico: la scala musicale "naturale" corrisponde alle caratteristiche percettive del nostro sistema uditivo e la gradevolezza di una sinfonia di Mozart non è una bizzarria casuale; a riprova, molti prodotti musicali basati sulla dodecafonia suonano francamente sgradevoli. Sembra addirittura dimostrato che gli esecutori di musica dodecafonica soffrano spesso di disturbi psicosomatici.

L'estetica dunque è la percezione, soggettiva e intersoggettiva, del nostro comune legame con la natura (legame che si instaura, attraverso l'evoluzione "bio-culturale", da un lato con l'"ambiente naturale", dall'altro con l'"ambiente artificiale").

Allo stesso modo si può affermare che l'etica è la capacità soggettiva, e in parte intersoggettiva, di concepire e compiere le azioni capaci di mantenere sano, equilibrato e vitale il legame con l'ambiente. "Sano, equilibrato e vitale" significa "tale da mantenere le condizioni in cui questo legame può continuare a sussistere": si tratta di una *quasi-tautologia*. La vita stessa è una sorta di quasi-tautologia, poiché l'attività primaria degli organismi viventi è tesa a mantenere le condizioni in cui quell'attività può continuare a svolgersi. L'avverbio "quasi" vuole significare il carattere dinamico proprio di questi grandi fenomeni: non sono tautologie statiche, bensì evolutive.

Siamo immersi nell'ambiente, ne siamo parte e percepiamo il nostro esserne parte come fatto estetico. Le azioni che compiamo possono essere a favore o contro questo legame sistemico: nel primo caso si tratta di azioni etiche, nel secondo, di azioni "an-etiche" o "contro-etiche". Non si dimentichi l'endiadi greca *kalòs kài agathós*, che univa insieme bello e buono.

Etica ed estetica sono dunque legate a doppio filo, perché entrambe pescano nella storia evolutiva e sono "rispecchiamenti" della vita e dell'evoluzione. In un certo senso, etica ed estetica coincidono (o sono isomorfe), perché derivano dalla forte coimplicazione tra specie e ambiente: *l'estetica è il sentimento soggettivo (ma anche intersoggettivo) dell'immersione armonica nell'ambiente; l'etica è il sentimento soggettivo e intersoggettivo di rispetto e di azione armonica con l'ambiente di cui facciamo parte.* Così l'etica ci consente di mantenere l'estetica e l'estetica ci serve da guida nell'agire etico.

Per l'etica si può ripetere quanto abbiamo detto per l'estetica. L'etica, in questa prospettiva naturale-evolutiva, non è bizzarria arbitraria, ma è anzi una quasi-tautologia immanente, derivante sì dalle contingenze evolutive, ma conforme alle necessità di convivenza armoniosa con l'Altro, cioè con i nostri consimili e con la natura intorno a noi, così come si è co-evoluta con la nostra specie. O stiamo nel sistema, ne assecondiamo lo sviluppo armonico, guidandone l'evoluzione equilibrata e facendocene a nostra volta guidare, oppure ne usciamo e ci mettiamo contro di esso.

Se potessimo separare con un'operazione mentale l'uomo dal resto della natura, potremmo dire che la natura non umana si regge su un equilibrio dinamico in cui tutte le variabili si mantengono entro limiti che corrispondono al benessere del sistema complessivo. Per l'uomo ciò non è vero: in questo senso l'uomo rappresenta una discontinuità forte, poiché ha finalità coscienti, si pone obiettivi, piega la propria inventiva al conseguimento di questi obiettivi, e a volte questi comportamenti implicano la crescita smisurata di una variabile a scapito di altre. Gli umani tendono con le loro azioni a far aumentare il valore di certe variabili (nella nostra società di solito è il *profitto*). Ma tutte le variabili, anche le più benefiche, oltre un certo valore, diventano tossiche e pericolose per la salute del sistema. L'ossigeno è una sostanza utile, anzi indispensabile alla vita, ma troppo ossigeno ci fa bruciare. Il nostro corpo sta bene quando tutte le variabili sono in equilibrio; se anche una sola di esse assume valori troppo grandi (o troppo piccoli), il corpo soffre, e tante altre variabili sono obbligate a modificarsi per riportare in equilibrio quella in crisi. Con il suo finalismo cosciente, l'uomo tende a portare al limite e oltre certe variabili. Un caso emblematico e molto attuale è quello del denaro, *summa* di tante variabili spinte all'estremo. Troppo denaro distorce i rapporti di potere, inquina la visione etica, uccide la solidarietà, rende avidi e ciechi di fronte ai bisogni dell'Altro: insomma troppo denaro stroppia e fa soffrire il sistema complessivo. In fondo questa è una delle ragioni principali della crisi dell'Occidente.

L'etica e l'estetica dunque sono *storiche*, cioè si evolvono, sia a livello di specie sia a livello di individuo: le esperienze fatte in un contesto che varia producono novità etiche ed estetiche, che sembrano trovare il loro corrispettivo fisiologico concreto nell'attivazione di circuiti cerebrali specifici. L'etica rivela dunque un carattere olistico e si manifesta con caratteristiche sistemiche. Ma per effetto della separazione cartesiana e baconiana tra le componenti dell'uomo e tra uomo e natura e per effetto del pensiero scientifico e della tecnologia, da tempo, e oggi più che mai, l'etica, cioè l'insieme dei comportamenti "giusti" per la sopravvivenza dinamica armoniosa del sistema complessivo, è sottoposta a una tensione fortissima. In particolare è dirompente l'accelerazione continua della tecnologia e il conseguente crescendo delle modificazioni ambientali. Etica ed estetica sono modificate anche dal forte *effetto semplificante* che la tecnologia opera sull'immagine del mondo e dell'uomo. Tutto ciò ha portato a una grave crisi dell'estetica, cui ha contribuito il processo di astrazione e di codifica che è alla base del formalismo, scientifico e non solo scientifico: come ho detto, al contrario dei messaggi della natura, i segni e i codici dell'uomo sono *arbitrari*. In musica, in architettura nelle arti figurative e, in parte, anche nella narrativa, l'estetica è stata scardinata: ai codici che esprimevano l'immersione evolutiva dell'uomo nella natura è stata sostituita l'*arbitrarietà segnica e combinatoria*, esemplificata da certe tendenze musicali o pittoriche.

Quest'arbitrarietà dei codici estetici si travasa in un'arbitrarietà dei codici etici: come nella percezione, anche nell'azione sono stati messi in crisi i codici "naturali", i legami ancestrali tra uomo e ambiente. Con le tecnologie dell'informazione, e ancor più con le biotecnologie, si è aperto un campo di sperimentazione che coinvolge profondamente la definizione di uomo e il suo farsi. L'uomo ormai non si riproduce, ma si produce, si progetta: la rottura delle leggi (storiche ed evolutive, ma certe e sedimentate) della biologia comporta una profonda lacerazione dell'etica.

Siamo smarriti perché le norme tradizionali sono messe in discussione e le norme nuove non riescono a formarsi per la velocità dell'innovazione.

Sottolineo che i codici etici "naturali" sono giunti a noi attraverso un lungo processo storico-evolutivo, su cui ha operato un meccanismo di selezione. Questa selezione ha portato alla prevalenza e sopravvivenza dei codici "più adatti" a mantenere l'equilibrio dinamico (un'altra tautologia: la cosiddetta "teoria" dell'evoluzione è piena di tautologie). Mutate le condizioni al contorno, i codici fin lì selezionati non sono più adatti, ma non è detto che la ricerca affannosa di codici nuovi, scelti in base a finalismi parziali ed estemporanei e non in base alle esigenze dell'equilibrio complessivo, abbia, in vista appunto di quell'equilibrio, la stessa riuscita del precedente processo di selezione sui tempi lunghi. È vero che quella selezione era in parte condizionata anche da miopi finalismi (basati, per esempio, sul potere), ma il materiale su cui operava era molto meno compromesso dall'arbitrarietà, se non altro per la durata del processo, che poteva eliminare le deviazioni più bizzarre e i capricci più estemporanei (cioè basati su un finalismo di breve respiro).

La crisi dell'etica è crisi del nostro rapporto co-evolutivo con l'Altro, inteso nel senso più ampio: con la complicità di una tecnologia potente e di una miopia egoistica tutta incentrata sul profitto abbiamo messo in crisi il benessere del sistema globale. Per avviare un cambiamento che ristabilisca un equilibrio, si deve avere il coraggio di "trasgredire" l'etica attuale, malata, per recuperarne un'etica più sana, più conforme ai nostri legami con l'Altro, dunque più attenta ai valori dell'estetica. Non si tratta di un ritorno all'antico, che è impossibile, ma del recupero di un processo più equilibrato e meno affannoso. Si tratta di raffreddare il processo innovativo della tecnoscienza mediante opportuni filtri sociali, politici e culturali[10].

Da quanto si è detto segue che la crisi in cui si dibattono etica ed estetica è indice di una grave patologia sistemica. Viviamo in una condizione di rischio costante: il rischio riguarda la salute e addirittura la sopravvivenza del sistema gobale "uomo+ambiente". La presenza di questo rischio non è di oggi, anzi il rischio è sempre esistito, ma oggi la situazione presenta alcune novità. In primo luogo i rischi sono aggravati dalla grande velocità dei cambiamenti e dalla globalizzazione, che esalta tutte le oscillazioni, ampliandole a livelli dirompenti e diffondendole in tutto il pianeta. In secondo luogo, oggi cominciamo ad avere una lucida *percezione* dei rischi. A differenza del passato, siamo consapevoli della nostra responsabilità nei confronti del sistema. Poiché abbiamo scoperto la complessità, non possiamo più ignorarne le leggi e non possiamo più chiudere gli occhi sulle conseguenze delle nostre azioni. Tutto questo ci carica di *responsabilità* nei confronti dell'Altro, dove l'Altro comprende anche le generazioni future e l'avvenire del sistema globale.

Il brusco scostamento dall'equilibrio sistemico può preludere all'instaurazione di un altro equilibrio, ma può anche innescare un'instabilità crescente e portare al collasso del sistema: in questo sta il rischio.

Ma parlare di scostamento dall'equilibrio presuppone la capacità di identificare lo stato di equilibrio. Questa identificazione è tutt'altro che semplice: intanto si tratta di un equilibrio non statico, bensì dinamico ed evolutivo. In secondo luogo, i parametri e le variabili che si prendono in considerazione per identificare il sistema e dettarne le condizioni di equilibrio non hanno tutti la stessa importanza. Siccome da tempo privilegiamo l'aspetto quantitativo dei fenomeni, siamo portati a considerare importante solo ciò che è misurabile. Ma non tutto ciò che è importante si può misurare, così come non tutto ciò che è misurabile è importante. L'avvento dei calcolatori, innestandosi sulla mentalità razionalcomputante tipica della tecnoscienza, ha portato all'abitudine parossistica di sostituire a ogni concetto una contabilità, facendoci così perdere tutte le sottigliezze e le sfumature contenute nel pensiero. Ma, indipendentemente dalla possibilità di stabilire un metodo di misurazione esplicito, ognuno di noi avverte benissimo quando si presenti uno scostamento dall'equilibrio a livello personale o locale, perché siamo tutti dotati di un senso innato per l'estetica, per l'etica e per l'equilibrio. Oggi sentiamo acutamente che le cose non vanno affatto bene. Forse è sempre stato così, ma noi non eravamo presenti.

Un altro problema deriva dal fatto che l'etica si fa spesso coincidere con la *morale*, cioè con un'etica particolare, formatasi in un dato momento storico, ma considerata assoluta e invariabile. La morale è un po' come la fisica: si basa su leggi che si ritengono immutabili e valide in ogni tempo e in ogni luogo. Da quando, tramite l'impostazione storico-evolutiva, abbiamo scoperto la variabilità e l'arbitrarietà dei codici, la morale, o meglio, le varie morali assolute predicate dalle diverse religioni e adottate dalle diverse società in epoche diverse sono state messe in discussione, cioè sono state sottoposte al vaglio della storia e dell'evoluzione biologica e culturale. La loro universalità e la loro invariabilità non resistono alla prova del tempo, anche se dànno prova di una grande robustezza in condizioni mutate, robustezza che può essere presa (e spesso è presa) come indice di assolutezza se non di origine divina.

È evidente che quando si sostituisce un'etica variabile a un'etica assoluta si devono affrontare molti problemi: aumenta la responsabilità individuale e collettiva, aumenta l'impegno nella ricostruzione continua delle norme "giuste", perché non ci si può più affidare al risultato della selezione storica della "morale più adatta" (che qualche garanzia di solidità offre, anche se è la più adatta solo in un certo contesto e per un certo tempo, ed è poi assolutizzata indebitamente).

Resta il fatto che nel nostro sistema "uomo+ambiente" non esistono costanti assolute: ci sono solo grandezza variabili. Alcune cambiano più rapidamente, altre più lentamente. Anche le varie componenti dell'uomo hanno diverse velocità di cambiamento: per esempio, le emozioni sono quasi costanti nel corso della storia, almeno stando alle testimonianze della letteratura e dell'arte in genere; mentre le caratteristiche cognitive e le capacità manipolative cambiano più rapidamente, come dimostra il rapido sviluppo della tecnoscienza.

Ciascuno di noi possiede il concetto non quantificabile di "giusto", nel senso di misurato e adeguato. La cucina è un ambito esemplare del giusto: cucinare non è una scienza esatta, ma una sorta di arte del giusto equilibrio, della giusta miscela di ingredienti giusti nella giusta quantità. Ma anche la medicina pratica e la farmacopea si basano sui concetti informali di "giusta dose", di "giusta combinazione", di "giusto intervento", di "equilibrio" e così via, che hanno a che fare con la sensibilità e con l'esperienza.

In questo senso si parla di relativismo etico, perché il "giusto" non è assoluto: dipende dai tempi, dai luoghi, dalle tradizioni. Storicamente questa percezione soggettiva e intersoggettiva del giusto, almeno per quanto attiene ai comportamenti sociali, è codificata nelle leggi. Ma la nozione di legge pone subito un problema: appena promulgate, le leggi sono già vecchie, perché tendono a fissare il comportamento medio o normale, che invece si evolve di continuo. Prima vengono i comportamenti e poi vengono le leggi a sancirli. Siccome i comportamenti sono variabili, in funzione dei cambiamenti del contesto, le norme fissate dalle leggi sono subito superate dai comportamenti nuovi, e le leggi debbono prima o poi essere adeguate. I comportamenti cambiano, le leggi inseguono...[11]

Viviamo in condizioni problematiche: il nostro cammino dalla nascita alla morte ci porta, o ci dovrebbe portare, verso qualcosa che forse si può definire consapevolezza etica. L'adattamento dell'uomo all'ambiente è imperfetto, perché la sua attrezzatura mentale ne fa un essere più del desiderio che della necessità. L'importante è la tensione verso il traguardo, non il raggiungimento del risultato. Il senso sta nel tentativo: se raggiungessimo l'obiettivo perderemmo il senso, annegando in una sonnolenza apatica e triste, se non mortifera.

Nel romanzo *Di alcune orme sopra la neve* narro le vicende di un giovane fisico che tenta di disegnare una mappa del centro di ricerca in cui lavora. Rendendosi conto che l'impresa cui si è accinto è molto più ardua di quanto avesse immaginato, il fisico chiede a un vecchio tipografo se debba o no perseverare nel suo tentativo. La risposta ha un sapore etico: "Fare la mappa è necessario ma non bisogna sperare di riuscirci." Sembra una contraddizione, ma è lì che sta la scommessa etica: dobbiamo sfidare la complessità anche se non dobbiamo sperare di vincerla. E questa eventuale impossibilità non deve paralizzarci: l'azione etica premia sé stessa, a prescindere dall'esito positivo. Se agissimo solo in vista del successo, le nostre azioni non avrebbero gran valore e per di più rischieremmo di vivere in uno stato di inerzia accidiosa.

Bisogna sempre tener conto dell'impossibilità di descrivere in maniera seriale, con la nostra unica bocca, fenomeni complessi non seriali. La complessità della natura artificiale, della società, non è racchiudibile, sebbene la tentazione sia forte, da metafore mutate dalla fisica, che pure descrive un mondo complesso. Per esempio la "legge dell'entropia", o secondo principio della termodinamica, aiuta a comprendere molti fenomeni sociologici e psicologici, ma la sua capacità esplicativa è piuttosto limitata rispetto alle infinite sfumature e interazioni presenti nella compagine socioculturale.

Etica e informazione

Lo scostamento dall'equilibrio deriva dalla spinta che imprimiamo ad alcune variabili del sistema, in primo luogo al profitto. È il profitto che alla fin fine causa la deforestazione, l'inquinamento atmosferico e il riscaldamento del pianeta. Le variabili economiche acquistano un inatteso sapore etico: i principi economici sani ed equilibrati (sostenibili) si tramutano principi etici positivi. Nella situazione odierna non si può più adottare l'economia del *cowboy*, il quale non pone alcun freno al proprio consumo, perché non percepisce la finitezza intrinseca dell'ambiente, non vede che la terra è limitata. Di fronte al dileguarsi delle risorse, va adottata l'economia dell'*astronauta* che, vivendo in un ambiente limitatissimo, tiene conto di tutto, pesa tutto, risparmia su tutto. L'abbondanza delle risorse porta allo spreco. Lo squilibrio provocato dalla disuguaglianza determina scambi che aumentano l'entropia, cioè il degrado.

È in questo contesto che si rivela vantaggiosa l'introduzione del concetto di scambio d'informazione all'interno del sistema. L'uomo diviene protagonista consapevole della realtà se riesce a mantenere la propria armonia sistemica con il resto del mondo, ma per questo c'è bisogno di una comunicazione continua tra l'uomo e il mondo. Lo scambio consente di conoscere il mondo e di agire su di esso, e allo stesso tempo consente di conoscere e agire su noi stessi. Lo scambio d'informazione non si configura dunque come una mera operazione di conoscenza, bensì anche come un atto interpretativo e pratico: l'interazione tra uomo e mondo possiede dunque aspetti cognitivi, semantici e pragmatici. L'aspetto pragmatico dello scambio informazionale implica un suo valore etico e rafforza il legame tra etica e interpretazione, tra etica e senso.

L'informazione che raccogliamo sul mondo e su noi stessi e che scambiamo con l'Altro assume valore etico quando cessa di essere mero scambio di dati e diventa scambio di significati, di intenzioni, di comandi, di ingiunzioni, di affetti. Quando, insomma, configura un atto conversativo volontario, un tentativo di modificare il rapporto con l'Altro, accettandone il punto di vista e agendo di conseguenza, oppure esponendogli il proprio punto di vista e persuadendolo ad agire di conseguenza. Inoltre, nella comunicazione reale, i dati puri non esistono, esistono solo dati interpretati: non esiste uno scambio puramente sintattico: lo scambio è sempre anche di significati e di intenzioni. Mi accosto ai dati che ricevo con la mia visione del mondo e in questa visione inserisco il dato. Il dato in sé è muto, anzi morto: sono io che lo rendo vivo col mio essere ciò che sono, inserito come sono nel sistema globale. Allo stesso tempo, ogni dato che ricevo può modificare il mio rapporto col mondo: infatti ho parlato di equilibrio dinamico, non statico.

Il mondo è costituito da tanti sottosistemi interagenti, ma ciascun sottosistema è anche abbastanza isolato dagli altri da possedere un proprio equilibrio dinamico interno (altrimenti non potremmo identificarlo come un sottosistema). Ciascun sottosistema, a sua volta, è suddiviso in altri sotto-sottosistemi, e così via. Si tratta di decidere a quale livello di osservazione vogliamo porci per descrivere il mondo, pur con la consapevolezza che nessuna descrizione sarà esauriente.

Esistono infinite descrizioni e ciascuna apporta un granello di verità: un aspetto etico rilevante della complessità è che non possiamo accontentarci di una descrizione, ma dobbiamo prenderne in considerazione tante, al limite infinite. Dobbiamo, accanto alla nostra o alle nostre descrizioni, accettare anche le descrizioni dell'Altro, riconoscendo loro pari dignità. Anche se a volte sembrano incompatibili, le varie descrizioni stanno soltanto su livelli diversi. Tutte le descrizioni sono complementari, nessuna esaurisce il mondo. A volte il mondo può essere descritto e approfondito meglio da un romanzo che da un trattato, perché nel romanzo non si corre il rischio dell'amputazione riduzionistica tipica del metodo scientifico (il romanzo presenta altre forme, non di amputazione, bensì di condensazione). Eppure due descrizioni sono meglio di una sola: meglio leggere il romanzo e leggere anche il trattato.

Le due conoscenze, fornite dal trattato e dal romanzo, sono diverse, magari a volte paiono in contraddizione, ma sono comunque complementari. E non bisogna credere che le conoscenze razionali siano così forti da soppiantare tutte le altre conoscenze o credenze o valori. Il sistema delle credenze pre-razionali e quello delle convinzioni razionali sono su due piani diversi, che non si toccano e non s'influenzano l'un l'altro. Conosco matematici bravissimi che sono superstiziosi, conosco fior di informatici che elaborano oroscopi al computer.

L'etica si basa su certi valori, e, nella visione che ho esposto, l'armonia sistemica è il valore supremo. Nel (sotto)sistema costituito dall'organismo, è fondamentale che ogni organo mantenga un equilibrio con tutti gli altri. Quando si presenta uno squilibrio, una perturbazione, una patologia, per la salvaguardia del sistema può rendersi necessaria un'amputazione. Lo stesso accade in una società, o nel sistema globale "uomo+ambiente": anche qui per salvare il resto può essere necessario sopprimere la parte del sistema che produce malattia. Naturalmente il concetto di malattia è relativo: spesso l'organo patogeno non si sente tale (le organizzazioni criminali esprimono valori che per i membri sono positivi, ma che quando entrano in relazione con il resto della società sono percepiti come "disvalori" rispetto al sistema complessivo e portano malattia). Parlando di "valori" mi riferisco a cose molto concrete: vita, sopravvivenza, salute, solidarietà, altruismo, amicizia.

Da sempre l'uomo interpreta e traduce il mondo servendosi della lingua, e tale è la suggestione di quest'operazione che le sono stati attribuiti caratteri divini: è con la parola che Dio crea il mondo. Si è finito per credere che la parola fosse più importante del mondo che dovrebbe descrivere: il simbolo ha preso il posto della cosa. E si è cercato di fornire un'immagine linguistica totale del mondo. La scienza, per esempio, cerca di esaurire il mondo con una descrizione formale che si serve della matematica. La matematica parte dalla lingua naturale e, con un processo di impoverimento e raffinamento, tende alla precisione e all'univocità. All'altro estremo sta la poesia, che procede in senso inverso, surriscaldando le parole quotidiane, moltiplicandone i significati, recuperandone le ambiguità. Matematica e poesia si pongono agli estremi opposti delle possibilità linguistiche e, tendenzialmente, parlano a entità distinte. Mentre la matematica parla alla mente, la poesia parla all'anima e al corpo. Nella comunicazione normale, quotidiana, si adottano "linguaggi intermedi", quasi mai linguaggi estremi come quelli della poesia o della matematica. Il problema della traduzione, in cui giocano la fedeltà e l'infedeltà, la precisione e la libertà, illustra bene quali sono i fattori che entrano in gioco. Il mondo occidentale, a partire dai Greci, ha nutrito l'ambizione di tradurre in parola (in simbolo) tutta la sapienza, tutta la struttura, tutta la dinamica contenuta nel mondo. La scienza cerca di tradurre le conoscenze implicite in conoscenze esplicite, simboliche, linguistiche, ma il tentativo incappa nell'ostacolo tipico di ogni processo di traduzione, cioè l'incompletezza.

Tentiamo di tradurre nella nostra lingua la lingua del mondo, che però non conosciamo: da tempo abbiamo smesso di credere con Galileo che la natura sia un libro "scritto" in termini comprensibili e decodificabili dalla scienza, cioè in caratteri matematici (ma quali: i triangoli o i frattali?). La scienza è solo una nostra interpretazione. La traduzione letteraria, che è certamente più facile perché vuole trasporre un testo da una lingua naturale a un'altra, rende manifesto che la fedeltà è impossibile. Ogni traduzione alla fin fine si rivela un'interpretazione, con tutte le limitazioni intrinseche dell'interpretazione, prima fra tutte quella di non essere mai "vera", unica e definitiva. L'interpretazione è sempre rivedibile, perfettibile, modificabile, storica.

La complessità del sistema in cui viviamo si può avvertire in qualunque ambito: nell'arte, nella scienza, nel lavoro, in azienda, in un'assemblea. Ma per affrontarla negli ambiti della vita non esistono ricette, soltanto precauzioni, sensibilità, coraggio, prudenza. È necessario innanzitutto ascoltare con attenzione le opinioni dell'Altro, vivere in una condizione di ambiguità non risolta e di dubbio, una condizione dolorosa, che tuttavia può portare alla creatività. Bisogna essere abbastanza acuti e umili da riconoscere i propri errori, e bisogna esercitare la propria umiltà. Non bisogna imporre i propri scopi e le proprie visioni alla realtà o all'Altro, bensì creare il *contesto* adatto perché possa svilupparsi un'interazione feconda. Nella *Leggenda del vecchio Marinaio* Coleridge racconta di un marinaio che ha ucciso un albatro, commettendo un atto sacrilego contro la vita. L'albatro gli si è avvinghiato al collo e, nonostante tutti i suoi tentativi, l'uomo non riesce a liberarsene. Una notte, giunta la nave nei Mari del Sud, il marinaio vede danzare nelle acque i serpenti di mare, immersi in una suggestiva luce fosforica. Commosso da questo spettacolo sublime, egli benedice i serpenti che danzano, e in quel momento l'albatro si stacca dal suo collo, liberandolo (Nota 6 del secondo capitolo). Nel riportare l'episodio, Gregory Bateson ne trae una lezione importante: fino a quando si opera in modo finalistico, per ottenere uno scopo, si fallisce; quando invece si opera gratuitamente, senza fini consapevoli, si può riuscire, perché si crea un contesto favorevole alla novità, alla creazione.

Oggi si parla molto di flessibilità, in sé una virtù immensa. Flessibilità significa capacità di adattamento equilibrato alle perturbazioni, alle mutevoli circostanze del mondo, alla presenza incostante e capricciosa dell'Altro, alle sue esigenze imprevedibili. Se avessi cominciato a scrivere questo libro secondo un progetto rigoroso, seguendo un itinerario preciso, mi sarei trovato ben presto incarcerato nella gabbia della rigidità, senza la possibilità di deviare, inventare, produrre novità. Invece mi sono presentato alla pagina bianca con la mia storia, con i miei interessi, con l'intenzione di stabilire un dialogo, di porre problemi, di esporre ipotesi caute e provvisorie: e si è forse creato un contesto interattivo tra me e le mie idee (che non sono solo mie, per forza di cose) e i miei lettori, e ciò ha permesso che certe cose accadessero. Non è stata un'operazione volontaristica, animata da precisi scopi precostituiti, bensì un'impresa aperta, possibilista, collaborativa, cui è chiamato anche chi legge. La creazione di un contesto interattivo è fondamentale per far emergere e recuperare molti aspetti che abbiamo dimenticato in nome di un pensiero unico: il "femminile", il corporeo, l'inconscio, o certi elementi della saggezza orientale.

Non voglio fare l'elogio del relativismo, ma il mondo si può vedere in molti modi diversi.

NOTE

1 Si veda Collins 2005. Vorrei anche ricordare il film *Rain Man* di Barry Levinson (1988), dove l'autistico Raymond, interpretato da uno straordinario Dustin Hoffman, si dimostra privo di reazioni emotive ma è dotato di una memoria eccezionale, specie per i numeri. Anche grandi geni della fisica e della matematica, come Einstein e Newton, pare fossero affetti da una particolare forma di autismo, nota come sindrome di Asperger, che si manifesta in comportamenti asociali, egocentrici e ipersensibili (Longo 2007). La sindrome colpisce soprattutto gli uomini ed è stata studiata da Michael Fitzgerald, del Trinity College di Dublino, il quale ha indicato tra i probabili portatori anche Socrate, Darwin, Wittgenstein, Yeats e Lewis Carroll.

2 Il pensiero classico (greco o cristiano) ruota intorno alla nozione di limite e concepisce l'uomo come una creatura intermedia tra il divino e il bestiale. L'uomo deve vivere e operare in un ambito "giusto", nel quale non sono tollerati gli eccessi. Questa concezione è stata ripresa su basi sistemiche da Gregory Bateson, secondo cui ciascuna delle variabili che identificano un sistema deve restare all'interno di un intervallo limitato: se una variabile supera gli estremi dell'intervallo che le compete, il sistema entra in sofferenza (Bateson 1976, 2000). Le visioni classica e batesoniana comportano una precisa conseguenza etica quanto alla trasgressione dei limiti, che è comunque condannata. La contemporaneità, al contrario, non solo rifiuta una definizione fissista di uomo, ma non pone nessun limite al suo conoscere e operare: i limiti esistono solo in quanto li si può e li si deve oltrepassare. Questa visione è proposta in modo paradigmatico ed esasperato dallo sport, dove il primato è una manifestazione della dismisura, del superamento perpetuo, della rincorsa e dell'annullamento di ogni limite. Ma questa tensione continua si oppone al piacere e comporta prima o poi la necessità del *doping*, tipica forma di ibridazione con l'Altro all'interno di una realtà che diviene ben presto incontrollabile. Si ravvisa qui una forte contraddizione tra la parsimoniosa moderazione dell'*aurea mediocritas* cantata da Orazio e l'aspirazione del *postumano* al superamento continuo dei limiti. Sulla sofferenza causata da questa perpetua rincorsa, si veda Longo 2003.

3 Esemplare è il caso del matematico John Forbes Nash, oggi settantasettenne. Da piccolo era un ragazzino strano, solitario e introverso, vessato dai compagni di scuola. Le sue doti furono riconosciute subito: nel 1948, quando, ventenne, chiese di entrare a Princeton, il suo insegnante gli scrisse una lettera di raccomandazione brevissima: "Quest'uomo è un genio". Ma il suo carattere aggressivo e disadattato sfociò presto nella schizofrenia. Nel 1959 cominciò per lui un calvario di venticinque anni, fatto di ricoveri e di brevi remissioni, durante le quali (come Lucrezio nei suoi *intervalla insaniae*) riusciva a dimostrare profondi teoremi di matematica. Scrisse Nash: "Vedevo comunisti nascosti dappertutto. Pensavo di avere una grande missione religiosa e udivo le voci. Vivevo in un delirio perenne". Che vi sia un legame tra genio e follia è quasi un luogo comune e Nash riconobbe che i grandi matematici sono soggetti a deliri maniacali e alla schizofrenia. E, guarito, dichiarò: "La razionalità del pensiero limita il legame tra una persona e il cosmo". Come se, tornando alla normalità, avesse perso una guida fulgida e intensa: le voci non gli parlavano più e qualcosa di luminoso si era spento.

4 Hannah Arendt si è fatta portatrice di un'analoga rivolta contro la rigidità normativa della storiografia di matrice hegeliana, rivendicando ciò che è *narrabile* nei confronti di ciò che è *astraibile* nella riduzione concettuale degli eventi. La narrazione, al contrario della comprensione concettuale, non conosce ortodossia: non ci sono storie *più vere* di altre. Ogni storia si fa interprete di un punto di vista, contribuisce a ricreare la pluralità umana che eccede tutte le definizioni astratte e tutti i modelli cognitivi creati per leggere e interpretare la realtà. La Arendt contrappone dunque alla metafisica e alla sua pretesa "oggettività" innocente la narrazione impura e implicata nelle cose umane. Come dice Olivia Guaraldo, per Hannah Arendt la metafisica "è soprattutto colpevole di aver confuso significato e verità, pensiero e conoscenza, facoltà umana della mente e protocollo rigido di regole per l'astrazione e l'analisi". (Guaraldo 2003 p. 157)

5 "Il paesaggio scorreva uniforme e la pioggia batteva i campi. Enrico aveva la mente piena di ricordi confusi, di frammenti disancorati che ondeggiavano con le oscillazioni del treno. Provò il bisogno di afferrarsi a qualcosa di solido. Pensò alla mappa che aveva tracciato del Centro, a quel segno parziale, inconcluso ma concreto della sua fatica, e cominciò a riportar-la a mente sul vetro del finestrino: questo gran tondo era il Centro, qui in mezzo la zona delle Palazzine, la Torre, il laboratorio, la mensa, la Biblioteca, l'Amministrazione, l'infermeria; poi, sempre nel suo settore, la tipografia di Alvise, più in là la rimessa di Magda... e poi laggiù, lontanissimi, i cortili dei casamenti, che in quel momento dovevano essere gonfi di pioggia e deserti... Ma su quella mappa grossolana che veniva tracciando con la mente, dove avrebbe collocato le persone? Non certo nel luogo dove stavano abitualmente, perché persone e luoghi non avevano nulla in comune, se non appunto la circostanza effimera e transitoria di stare, almeno per un po', vicini. In realtà le persone vivevano in un luogo distinto e incommensurabile, diverso dal Centro, anche se parlare del Centro come di un luogo non era del tutto appropriato, per quel che di vivo e di arcano vi aleggiava... Ma insomma in quella mappa le persone non potevano starci: bisognava crearne un'altra, bisognava fabbricare un altro spazio per metterci Max, l'Amministratore, Alvise, Francesca, e poi Tobia, Irma e Magda, e anche quell'omino piccolo e autoritario che aveva sgridato l'Amministratore... Bisognava collocare tutti in quest'altro spazio, come i pezzi su una scacchiera. Ma quali erano le regole del gioco? Quali erano le mosse consentite, le mosse che quei pezzi potevano, o volevano, compiere? E poi, chi le aveva fissate, quelle regole, che cosa rappresentavano, di che cosa erano una metafora? E se fossero state stabilite, in un mondo lontano e inaccessibile, da qualcuno che avrebbe potuto anche cambiarle ad arbitrio, durante la partita, senza informare nessuno?"

Di alcune orme sopra la neve

6 All'origine dell'attrazione-repulsione che esercita l'Altro vi è il sottile e ambiguo rapporto tra differenza e somiglianza. La quasi somiglianza dell'Altro inquieta, perché propone la continua minaccia di un assorbimento o assimilazione, con il conseguente annullamento della nostra identità. Questa minaccia non è avvertita se l'Altro è identico oppure se è abissalmente diverso. Quando l'alterità sfocia nella diversità assoluta oppure nell'identità, non c'è conflitto. I problemi si presentano quando l'Altro è molto simile, ma non del tutto identico, a noi e quando la vicinanza geografica ci impedisca di sottrarci al confronto. La storia dell'umanità, ma anche la biologia, sono piene di esempi in tal senso. Tutto ciò si può interpretare alla luce della teoria batesoniana del *doppio vincolo*: l'Altro simile ma non identico non può essere respinto, perché ciò significa respingere (una parte di) noi stessi; ma non può essere accettato del tutto, per il residuo di diversità che manifesta. Inoltre non lo si può ignorare perché è sotto i nostri occhi: è il fenomeno del campanilismo (Bateson 1976, 2000). Dunque propone un problema irresolubile, che può essere superato solo rifondando la nozione di simile-diverso su basi nuove (per esempio, passando dall'aspetto fisico o linguistico al profilo biologico o genetico, che è meno visibile e quindi non induce a immediati e facili confronti, oppure relativizzando le nozioni di civiltà, religione e così via).

7 Sui fenomeni relativi alla psicologia delle masse, si veda Le Bon 2004. Afferma Le Bon: "Le folle non sono influenzabili dai ragionamenti, ma soltanto da grossolane associazioni di idee. Le leggi della logica razionale non hanno alcun effetto su di esse". Su questa premessa l'autore costruisce la sua teoria, largamente condivisibile anche dopo più di un secolo e suffragata da molti esempi storici. Ma la premessa non ha contenuto negativo: "Dobbiamo dunque rimpiangere che la ragione non guidi le folle? Non oserei dirlo. Non è sicuro che la ragione umana sarebbe riuscita a trascinare l'umanità verso la via della civiltà con l'ardore e la baldanza suggeriti dalle chimere. Figlie dell'inconscio che ci guida, tali chimere erano probabilmente necessarie". Parole da meditare, in un'epoca che vorrebbe impostare l'agire secondo i principi del pensiero scientifico e ha paura della quota irredimibile di irrazionalità che si annida negli umani. Come dimostrano ogni giorno le vicende del mondo, la vita è più forte e complessa dei modelli razionali che vorremmo sostituirle. Nel bene e nel male.

8 La creatura planetaria è tendenzialmente autoreferenziale e sembra prescindere dal suo sostrato materiale, che pure è indispensabile: è come se si librasse fluttuando senza fondamenta al di sopra del mondo. Del resto questa tendenza rispecchia ed esalta la tendenza dell'uomo occidentale a vivere solo della, e con la, mente, dimenticando il sostrato corporeo.

9 Vorrei tuttavia ripetere che la creatività frutto di interscambio fecondativo andrebbe forse distinta dalla creatività più riposta e segreta, implicita e incomunicabile, del genio. Il carattere spesso autistico e autoriferito del genio sembra indicare una differenza essenziale rispetto all'altro tipo di creatività, che è più esplicita, distribuita e cooperativa. Mentre quest'ultima è esaltata o addirittura generata dal potenziamento comunicativo e attivo offerto dagli strumenti tecnici, forse la genialità non è sensibile a questo rafforzamento strumentale esterno. Einstein non attribuiva agli esperimenti nessun valore di conferma o di confutazione nei confronti delle sue deduzioni teoriche.

10 Questo recupero è ostacolato dal senso di onnipotenza che emana dalla tecnoscienza e che comprende l'onniscienza e, in prospettiva, l'immortalità. Si prospetta il trionfo dell'individuo e della sua volontà di potenza nei confronti della specie integrata nel sistema complessivo. All'individuo interessa più una terapia che gli consenta di vivere meglio e più a lungo, che non, per esempio, la conservazione della biodiversità. Ciò si riscontra anche a livello nazionale: le popolazioni dei Paesi in via di sviluppo trascurano la salvaguardia dell'ambiente per accrescere il prodotto interno lordo, anche se per periodi brevissimi. È il solito contrasto tra problemi importanti e problemi urgenti: i politici di solito preferiscono dedicarsi alla soluzione di questi ultimi, che porta più voti.

11 Il rapporto tra leggi e comportamenti è un pochino più complicato e non è certo così unilaterale. Anche le leggi hanno una certa influenza sul comportamento e non si limitano a rispecchiarlo. È l'aspetto etico e normativo delle leggi, che talvolta si oppongono al comportamento medio, per esempio al dilagare di condotte pericolose per la convivenza e per la società. Il legislatore dunque si basa da una parte sull'osservazione empirica dei comportamenti, dall'altra su una morale a priori.

Il velo oscuro: scienza e narrazione

Io non faccio altro che ricapitolare la mia vita, continuo a raccontarmi la storia della mia vita per ricucirne i brandelli. La mia storia, spezzettata e tritata, partorisce tante piccole storie. È una continua narrazione, un po' demenziale, se vuole, ma allo stesso tempo salutare [...] raccontandomi le storie ho almeno l'illusione di soffrire in modo diverso. E comunque tutti lo fanno. Qualcuno va dallo psicanalista [...] E lo psicanalista che cosa fa? Ci fa raccontare delle storie. Altri per guarire dal male di vivere scrivono dei libri, cioè narrano delle storie. Non cerchiamo più la verità inenarrabile e assoluta. Ciascuno cerca la propria verità, la narra con gli occhi e con il cuore, col suo disagio e la sua rassegnazione. Come sono arrivato fin qui? Dove ho sbagliato? Ecco le domande cui forse sarebbe importante rispondere

Giuseppe O. Longo , *La gerarchia di Ackermann*

Non già che io abbia cercato di proposito l'oscurità: ma nessuno scriverebbe versi se il problema fosse quello di farsi capire. Il problema è far capire quel quid al quale le parole da sole non arrivano. Ciò non accade solo ai poeti reputati oscuri. Io credo che Leopardi riderebbe a crepapelle se potesse leggere ciò che di lui scrivono i suoi commentatori

Eugenio Montale

Narrazione e simulazione

Tutto quello che io narro è perché la parola non cessi di circolare; se la parola non circola l'uomo muore

Cacciatore cieco Dogon

Da dove vengono, allora, il piacere o la coazione degli uomini a raccontare storie?

Peter Bichsel

Raccontare storie è un'attività tipicamente umana, e gli umani non possono fare a meno di raccontare storie. Nel racconto l'evento narrato si trasforma, i protagonisti sono trasfigurati, certi particolari sono omessi, altri sono esaltati o aggiunti. Da sempre gli uomini narrano e si narrano. Proprio all'inizio della nostra civiltà si stagliano racconti giganteschi e sublimi. Nell'*Iliade*, che è uno dei più tipici e famosi, il processo di trasfigurazione è esemplare: gli uomini diventano eroi, re e regine sono saggi, prudenti e illuminati, le donne sono tutte di bellezza smagliante. Troia, un villaggio circondato da un modesto vallo, diventa un'opulenta città dalle mura altissime e splendenti.

I ricordi, attraverso le storie, diventano ricordi di ricordi, e si allontanano sempre più dalla concretezza primitiva per assurgere all'astrazione della leggenda e del mito, formando un nucleo denso e dinamico che sta al cuore del nostro *sé*. Gli esseri umani raccontano e si raccontano per trovare un'*immagine del sé*, per trovare il *senso* del mondo e della loro presenza nel mondo. I racconti contribuiscono potentemente alla formazione della nostra identità personale. Ciascuno di noi non fa altro che raccontarsi interminabilmente una storia di sé stesso nel mondo.

Questo incessante racconto, che si svolga nel foro interiore o esca da noi per andare incontro all'altro, ha quindi un duplice effetto: il primo è quello di costruire un'immagine semplificata del mondo rumoroso e multicolore dentro il quale siamo scaraventati alla nascita: è una questione di sopravvivenza, perché soltanto adottando un modello semplificato del mondo possiamo esorcizzarne la smisurata complicatezza. Sono molti e diversi gli strumenti che s'impiegano per introdurre ordine nel caos naturale: l'arte, il romanzo, la scienza, la tecnica. Si tratta, in ultima analisi, di ricostruire il mondo, o meglio di sostituire al mondo "dato" un mondo artificiale, più semplice e a misura d'uomo. E poiché la narrazione ha bisogno di una lingua, è la lingua che (ri)costruisce il mondo. Quando scompare una lingua, scompare un('immagine del) mondo.

In secondo luogo, la narrazione tende a costruire un'immagine coerente e stabile del nostro sé: impresa destinata a un continuo fallimento, perché il sé è mutevole e ambiguo, molteplice e sfuggente: e tuttavia quell'assidua opera di identificazione viene sempre ripresa perché è indispensabile. Ciascuno di noi ha bisogno di offrire a sé e agli altri un'immagine solida e unitaria, quell'immagine che si riassume nel pronome personale "io" e che costituisce il protagonista dei nostri ricordi e l'attore dei nostri progetti. Naturalmente l'immagine del sé e l'immagine del mondo sono strettamente intrecciate e sono correlate agli scopi che via via perseguiamo.

C'è forse anche un altro motivo per narrare e ascoltare storie, legato al tema della finitezza: abbiamo una sola vita, e ne vorremmo tante. Per superare questo limite invalicabile, o averne almeno l'illusione, ci immedesimiamo nelle vite alternative create dalla narrazione. Pur sapendo, in qualche recesso della coscienza, che si tratta di "finzioni", cioè di menzogne (ma si veda più avanti), vogliamo viverle come verità, sia pure effimere, vogliamo almeno per un po' abitare quei mondi che non ci sono dati. E la vita narrata cancella, almeno per breve tratto, la vita reale[1].

Ricordi e progetti sono il nucleo intorno al quale ruotano le narrazioni del sé, in un'interazione dinamica e circolare, perché se è vero che l'immagine del sé viene modificata dalla rievocazione dei ricordi e dalla costruzione dei progetti, anche i ricordi e i progetti sono trasformati, in nome della coerenza, dal sé via via costituitosi: così il nuovo sé, sempre sul punto di modificarsi, non solo fa sì che i progetti mutino, ma che anche i ricordi si trasformino diventando ricordi di ricordi, in una stratificazione che si allontana sempre più dalla matrice che li ha generati.

In questo complesso giuoco di ricordi e narrazioni non agisce solo la memoria, ma anche quel singolare meccanismo che è l'oblio: abbiamo bisogno di ricordare, ma anche di dimenticare. Si pensi solo alla schiacciante mole di dati oggi memorizzati e registrati grazie alla tecnologia informatica, pronti a emergere dagli oscuri depositi di sterminate banche dati. Questi dati costituiscono una minaccia temporalesca sospesa sul capo di ogni individuo: per difenderci da tale cumulo-nembo l'alternativa è quella di un sano vivificante oblio. Non, si badi, un oblio casuale e disordinato come quello che affligge certi vecchi o gli scolari svogliati: bensì un oblio volontario, selettivo, guidato dal desiderio di fare spazio a nuove e più importanti conoscenze. Basato quindi, il nostro benefico oblio, su una scala di interessi salda seppur mutevole, a fondamento della quale resta la voglia di novità e creatività. Solo dimenticando ciò che è vieto e abusato si può accogliere il nuovo, si può elaborare una creazione in autonomia di giudizio e di scelta.

L'oblio selettivo consente di disporre i ricordi in una dimensione cronologica: grazie al chiaroscuro prodotto dalla maggiore o minore vividezza dei ricordi si crea una *prospettiva storica*, che invece non si costituisce se i ricordi sono presenti tutti con forza uguale. La variegata sfocatezza chiaroscurale prodotta dall'oblio crea la storia, individuale o collettiva, mentre la memoria senza ombre dell'informatica la uccide. Ecco perché, nell'era delle banche dati che nulla dimenticano, si ha la sensazione di vivere in un *eterno presente*: passato e futuro si appiattiscono in una dimensione di attualità sconfortante e quasi angosciosa, del tutto contraria alla naturale propensione dell'essere umano a vivere in una storia, col suo passato e col suo futuro. La confusione, o meglio l'annullamento, dei tempi contempla una sola alternativa, l'azzeramento totale delle memorie mediante la cancellazione senza residui. Questa situazione binaria, "tutto o niente", è quanto di più lontano vi sia dalla natura della memoria umana.

Insomma, la dimensione creativa, in particolare la creazione legata al raccontarsi, al farsi raccontare e al raccontare, che è creazione del senso e del sé, questa fonte primaria della novità inventiva è legata, nell'uomo, alla *pratica dell'oblio e della memoria*, saggiamente intrecciati e basati su una scala di valori che metta ai primi posti, appunto, il senso. Del resto, anche le pratiche terapeutiche basate sulla parola (penso alla psicoanalisi), mettendo in primo piano un esercizio selettivo e mirato della memoria e dell'oblio, comportano una rielaborazione dei ricordi da cui può scaturire un nuovo equilibrio dell'individuo con sé stesso, cioè col proprio vissuto memorizzato. Ma ancor prima, non è forse un misericordioso oblio che spesso ci salva da sofferenze troppo crudeli o dalla follia?

La fame di racconto si manifesta nella folla di narrazioni in cui siamo immersi. Per chi abbia subito un lutto, un tradimento, per chi patisca una tribolazione o viva un entusiasmo, il racconto rappresenta uno sfogo e un alleggerimento. "Perché parlando il duol si disacerba", scrisse Petrarca, che per lenire il suo dolore e dare sfogo al suo anelito amoroso, li narrò infinitamente in versi. Ed Eschilo: "Non sai dunque, Prometeo, che i discorsi / farmachi sono all'anima malata?" E che dire di Proust, che dilata il tempo vissuto in un racconto lenticolare, espanso senza limiti? (Cecchetti 2007) Per chi ascolta, il racconto è un momento importante di trasfigurazione tra sé e l'Altro, in cui si manifesta un'ambiguità essenziale fra estraniamento e partecipazione, fra dimenticarsi e ritrovarsi, un momento in cui l'isolamento, fonte di dolore esistenziale, si rompe per aprirsi alla comunicazione-comunione. Alcuni terapeuti, come ci ricorda Emilio Rossi, consigliano, e non solo ai bambini, di "curarsi con le fiabe", e del resto molti tentano di curare le ferite dell'anima scrivendo le proprie memorie, tentando di recuperare il filo e il senso della propria vita (Rossi 2001). E poi c'è il sottile piacere di narrare le vicende altrui, che sfocia spesso nel pettegolezzo: il pettegolezzo si potrebbe considerare l'equivalente umano dello spulciamento scimmiesco (*grooming*) per i suoi effetti di rafforzamento della coesione sociale del gruppo[2].

La complessa interazione di memoria e oblio è un filtro selettivo e spesso salvifico, che conserva ed esalta i ricordi positivi, per la felicità psichica del soggetto, e attenua o trascolora quelli negativi. Non un oblio totale e indiscriminato, dunque, ma giudizioso e valutativo, filtrato dalle emozioni, colorito di affetti, profondamente innestato nel corpo e nella storia, un oblio che sgombra il magazzino dei ricordi dalle scorie per far luogo alle nuove esperienze che a loro volta si trasformeranno in memorie[3].

Anche i progetti, sia pure in forma diversa, sono sottoposti a un continuo aggiornamento e rimaneggiamento attraverso l'attività simulativa, che, al pari della narrazione, è tipica degli esseri umani. La simulazione sta ai progetti più o meno come la narrazione sta ai ricordi, ed entrambe riguardano pratiche e metodi che trovano attuazione non tanto nel mondo della materia e dell'energia quanto nel mondo dell'informazione, cioè in quel mondo "mentale" che sta al crocevia di molti e svariati interessi, attività e discipline, e in cui hanno cittadinanza concetti come il significato, la struttura, la forma, la relazione, l'ordine. Si tratta di un mondo di descrizione e spiegazione distinto dal mondo degli urti e delle forze studiato dalla fisica: è il mondo degli esseri comunicanti, cioè in sostanza il mondo degli esseri viventi, in particolare degli uomini (Bateson 1975, 2000).

Per noi esseri umani, la *simulazione* costituisce uno strumento dotato di un notevole valore economico e di sopravvivenza. Prima d'intraprendere un'azione concreta, di solito la simuliamo

Il velo oscuro: scienza e narrazione

servendoci della nostra immaginazione o di altri strumenti che della mente costituiscono un potenziamento o un prolungamento, come i modelli matematici o le macchine informatiche. Possiamo così analizzare i possibili effetti dell'azione e decidere se compierla, correggerla o rinunciarvi. La simulazione ci evita quindi gli sprechi e i rischi legati all'attuazione concreta, e non è un caso che essa sia sempre stata al centro dell'attività mentale dell'uomo, e che poi sia stata trasferita anche nel complesso delle funzioni esercitate da quelle estroflessioni mentali che sono i dispositivi informatici e i programmi d'intelligenza artificiale.

Attraverso l'attività simulativa costruiamo modelli (interni, cioè mentali, o esterni) del mondo o delle sue parti ed esaminiamo le conseguenze che avrebbero le nostre azioni (anch'esse simulate). Il problema più serio relativo all'esecuzione di azioni nuove e all'adozione di comportamenti originali è la *sicurezza* o la sua controparte, che è il *rischio*. Anche banali inversioni d'ordine possono essere pericolose, per esempio: "Guarda dopo aver saltato". La nostra capacità di costruire analogie e modelli mentali ci offre tuttavia una certa protezione. Gli esseri umani sanno simulare le condotte future ed estirparne le porzioni insensate o rischiose senza attuarle. Come ha osservato Karl Popper, ciò consente alle nostre ipotesi di morire al nostro posto. La creatività, anzi tutti gli strati superiori dell'intelligenza e della coscienza, comportano l'esecuzione di giuochi mentali che raffinano la qualità del progetto prima che si passi alla sua attuazione.

La linea di demarcazione tra narrazione e simulazione è assai incerta: molte delle storie che ci narriamo sono "inventate", cioè costituiscono una sorta di simulazione esplicita, anche se adottano il tempo passato; ma anche i racconti che definiamo "oggettivi", che cioè dovrebbero riprodurre vicende accadute, sono sempre in parte rimaneggiati dal filtro della memoria-oblio e dalla parzialità del punto di vista, e contengono interpolazioni ed estrapolazioni, cioè componenti simulate inserite in un tessuto in linea di principio più "reale". Quando si raccontano storie inventate, in cui forse si manifesta quella che Peter Bichsel chiama l'"irresponsabilità" del raccontare, si ha a che fare non con la verità, bensì con le *possibilità della verità*. Nelle storie inventate, nei romanzi, non si fanno mai affermazioni apodittiche, come in filosofia o in scienza: la meditazione romanzesca è ipotetica, possibilista, anche quando si presenta come assertiva. Per converso, secondo Bichsel, non s'inventa mai nulla di veramente nuovo, perché "la letteratura nasce soltanto nella letteratura, dove non esistono iniziatori, ma soltanto imitatori che riflettono". E per Kundera la letteratura si limita a scoprire una possibilità umana che esisteva da sempre: "Mediante situazioni inedite, essa svela ciò che l'uomo è, ciò che è in lui da moltissimo tempo, e quelle che sono le sue possibilità" (Kundera 1988).

Ricordo che, quando da piccolo chiedevo a mia nonna di raccontarmi qualcosa, lei distingueva sempre le narrazioni in due categorie: i "fatti" e le "favole". I primi, diceva, erano realmente accaduti e a lei, amante della storia, parevano più importanti e significativi. A me la differenza sfuggiva e, in fondo, sfugge ancora: in ciò somiglio a quel balinese che chiese a Bichsel: "Che importanza ha che il vostro dio sia stato davvero sulla terra?" Affiora, in questa domanda, l'incoercibile forza delle idee, che muovono le nostre azioni anche se il loro correlato materiale si limita a una certa configurazione neuronale e non si estende a un fatto del mondo[4].

Racconto e resoconto scientifico

La narrazione rivela il significato
senza commettere l'errore di definirlo

Hannah Arendt

Con costanza e fedeltà il romanzo accompagna l'uomo dall'inizio dei Tempi moderni. Esso fin da allora, è pervaso dalla "passione del conoscere", che l'ha spinto a scrutare la vita concreta dell'uomo e a proteggerla contro l'"oblio dell'essere"; che l'ha spinto a tenere il "mondo della vita" sotto una luce perpetua

Milan Kundera

La narrazione può rimanere implicita, e costituisce allora la continua attività linguistica interiore del sé, oppure esplicitarsi nel racconto orale o scritto. Il racconto esplicito può assumere anche le forme specifiche del resoconto scientifico, che si distingue dai prodotti letterari per una tendenza all'univocità, alla formalizzazione, anche matematica, al rigore logico e alla conformità con i risultati dell'osservazione e della sperimentazione (si osservi tuttavia che anche il resoconto scientifico nasce in buona parte da altri resoconti scientifici, così come molta letteratura nasce dalla letteratura). Nella letteratura, invece, le domande rigorose sul come e sul perché e i nessi consequenziali della logica vengono attenuati o sospesi. Anche la narrazione letteraria ha una sua coerenza e un suo rigore, che però non escludono la contraddizione e l'ambiguità, anzi le coltivano: perché nella letteratura, e più ancora nella poesia, la verità si afferma negandosi, appare e scompare, si manifesta per problemi più che per soluzioni, si distende nel silenzio e nell'enigma oltre che nell'ostensione. Il senso della narrazione è racchiuso nel non detto quanto nel detto e spesso è la sacralità del non detto che illumina e dà senso al detto. E il non detto può anche essere indicibile. Tutto ciò che è detto, un tempo è stato non detto o non sarà più detto, forse ridiventerà indicibile. E ciò che oggi è indicibile, un giorno potrà forse essere detto. Una volta detto, ciò che era indicibile perde molto del suo fascino: perché, in fondo, l'indicibile è l'unica cosa di cui ci interessa parlare. Secondo Nietzsche, "Tutto ciò per cui abbiamo parole l'abbiamo ormai superato".

Il mondo ha senso e insieme non ne ha: questa doppia e contraddittoria verità, che la scienza non potrebbe sopportare, e nemmeno afferrare, è invece nutrita e fortificata dalla natura enigmatica e allusiva della letteratura e in genere dell'arte. L'ambiguità, e la capacità di tollerare l'ambiguità senza traumi o fratture, sembra estendersi un po' a tutta la cultura contemporanea, che trova nella struttura acentrica o policentrica della *Rete* la sua metafora fondante oltre che il suo sostegno e veicolo di diffusione (Appendice A).

La scienza fisico-matematica, al contrario, ci ha via via abituato a descrizioni asettiche assai lontane dalla narrazione ordinaria, a resoconti freddi e distaccati, in cui ogni contingenza e ogni vivo processo germinativo sono ingessati nell'armatura dell'impersonalità e della consequenzialità logica. Da quando il discorso della scienza, staccandosi dal tronco principale della narrazione, ha acquisito una sua specificità, da quando arte e scienza si sono fronteggiate pretendendo ciascuna di fornire la "verità" sul mondo, il conflitto tra le due ha assunto la forma elementare e spesso sterile dell'opposizione dicotomica. L'esposizione scientifica viene da molti ritenuta superiore alla narrazione letteraria o alla narrazione *tout court* perché sarebbe veritiera. Ma se questa modalità, che vorrebbe essere oggettiva e imperturbata, impersonale e distaccata, può essere giustificata in fisica, non lo è in altri ambiti, ai quali pure è stata via via estesa per un malinteso senso di emulazione, e dove rischia davvero di soffocare quanto vi è di vitale in nome di una pretesa e irraggiungibile oggettività, appunto, "scientifica".

Il raccontare, in realtà, non è il semplice e rozzo preliminare dell'asettico e rigoroso resoconto scientifico: è invece una modalità viva e consapevole, che ci ricorda l'impossibilità di rappresentare il mondo secondo un unico punto di vista esterno, rispetto al quale la molteplicità descrittiva sarebbe un fastidioso epifenomeno pronto a dileguarsi quando l'unità soggiacente apparirà, finalmente, attraverso gli squarci di quel *velo oscuro* che sempre ce la nasconde. Quando ci renderemo conto che l'unità soggiacente è una nostra chimera, accetteremo di buon grado e con riconoscenza le narrazioni articolate e contraddittorie che ora rifiutiamo in nome della coerenza, perché avremo capito che esse rispecchiano più fedelmente il mondo, la sua evoluzione e la nostra storia nel mondo. E così dopo un lungo cammino saremo tornati là da dove siamo partiti, alle scaturigini del racconto (se il raccontare è legato al tempo esistenziale e alla finitezza della vita, allora si può ravvisare un'altra differenza rispetto al resoconto scientifico tradizionale, che invece si svolge nel non tempo delle cosiddette verità assolute, prive di ogni riferimento ai singoli esseri umani e alle loro vicende).

Nonostante il tanto teorizzare sulla morte del romanzo, sulla fine della storia, sul tramonto della narrazione, la storia e la narrazione sono più vive e attuali che mai. A dispetto di tutte quelle profezie tanatologiche, noi continuiamo a raccontare e ad ascoltare storie, perché quest'attività è connaturata nell'uomo: ciascuno di noi non fa altro che raccontare e raccontarsi interminabilmente una storia di sé stesso nel mondo. Del resto, raccontare le storie è l'unico modo per riacquistare il senso della Storia, di questo seguito di possibilità perdute e di contingenze che trasformano una sola di quelle in necessità irreversibile, aprendo la strada ad altre contingenze e condizionando così, anche se debolmente, il futuro. Le storie sono uno specchio della Storia, perché hanno in comune con essa la struttura arborescente: in ogni narrazione vi sono ramificazioni e solo dopo la scelta operata dal narratore si manifesta l'irreversibilità. Nella mente dell'ascoltatore di storie i mondi alternativi si aprono e si chiudono a seconda delle scelte fatte dal narratore, ma le scelte non sono quasi mai obbligate, come sa chiunque abbia scritto o letto o ascoltato un'opera narrativa. Solo nel percorso più o meno breve tra una scelta e l'altra sembra esservi nello sviluppo del racconto una sorta di determinismo. Questa parte deterministica e tecnica, che potrebbe essere affidata a un bravo artigiano o addirittura a una macchina, bisognerebbe comprimerla, magari eliminarla. L'esempio forse più chiaro di questo automatismo si ha nella composizione musicale: un bravo artigiano può scrivere tutta una sonata senza una sola idea originale, solo attenendosi alla tecnica e ai trucchi del mestiere. Del resto anche Omero ricorre spesso alle clausole, agli epiteti, alle bellurie esornative prelevandole da un repertorio codificato. Queste "pause" aiutano forse il lettore o l'ascoltatore a prender fiato, ma sono comunque interruzioni della creatività.

Tutto ciò spiega perché solo con una narrazione si può capire e far capire un fenomeno nel suo dispiegarsi: la narrazione ha la forma di ciò che narra. Gregory Bateson sosteneva l'importanza fondamentale delle storie per capire e spiegare. E George Steiner afferma: "È perché possiamo raccontare storie che l'esistenza vale ancora la pena di essere vissuta".

E a proposito dell'ambiguità, chiediamoci: è la realtà in sé che è ambigua, contraddittoria? Non lo sappiamo e non possiamo saperlo, perché quell'"in sé" implica un contatto osservativo diretto, mentre la nostra relazione con il reale è sempre mediata. La riflessione filosofica, metafisica, non condizionata da esigenze "pratiche", risponderebbe che la realtà non può essere contraddittoria; addirittura qualche filosofo si è spinto a identificare il reale con il razionale, intendendo con razionale ciò che è afferrabile dalla mente umana e perciò non ambiguo, non oscuro, coerente e "logico". Ma se si tiene presente la natura costruttiva del nostro rapporto con la realtà e se si tengono presenti alcuni risultati sperimentali della meccanica quantistica, si è costretti a concludere che la realtà percepita (la realtà osservata) è ambigua e si manifesta in modi diversi a seconda di come impostiamo il nostro rapporto osservativo con essa (per esempio, in certi esperimenti di diffrazione sulle particelle microscopiche). La descrizione verbale (narrativa) di queste ambiguità pone un problema, perché il nostro discorso descrittivo del mondo vorrebbe essere univoco e privo di ambiguità.

Il contrasto tra l'ambiguità del reale percepito e la coerenza del discorso, che sentiamo necessaria, ci porta a forzare in un senso o nell'altro: o imponiamo la coerenza del discorso alla realtà percepita, contro l'osservazione, oppure introduciamo l'ambiguità nella descrizione, attenuandone il rigore logico, o meglio, allargando l'ambito del discorso "scientifico". Oggi si tende a seguire la seconda strada, quindi il discorso scientifico si avvicina, in un certo senso, a quello narrativo, poiché si contamina di incertezza, acquista elasticità e perde il carattere assoluto, veritativo in senso forte e apodittico che gli era tradizionalmente proprio. Ciò provoca disagio, poiché di fronte all'ambiguità siamo portati, forse per retaggio culturale, forse per condizionamento evolutivo, a prendere una posizione chiara e distinta. In altri termini, rinunciamo ad approfondire e decidiamo. Su questo incoercibile desiderio (o bisogno) di univocità e chiarezza si fondano le ideologie e le morali, che pretendono di separare con un taglio netto il torto dalla ragione, il bene dal male. Il romanzo spesso propone questa fondamentale ambiguità del mondo e chi non sopporta la tensione che ne deriva non ama il romanzo, al massimo può amare quei romanzi dove alla fine tutto è risolto e pacificato, come accade nella maggior parte dei gialli. All'opposto, il grande romanzo (penso a Kafka, Musil, Broch) si fa latore di un'ambiguità irrisolta, che è tanto più vicina all'*irrisolubilità del mondo*. Come dice Kundera, l'uomo è incapace di "sopportare la sostanziale relatività delle cose umane, di guardare in faccia l'assenza del Giudice supremo. Ed è questa incapacità che rende la saggezza del romanzo (la saggezza dell'incertezza) difficile da accettare e da capire" (Kundera 1988). Molti, di fronte a questa difficoltà, si rifugiano nella certezza (provvisoria e forse apparente) della scienza, oppure contaminano il romanzo con il formalismo deterministico della combinatoria o del gioco, togliendogli con ciò la sua unica ragion d'essere, che sta proprio nella tensione del detto-non detto, nella conoscenza derivante dal rispecchiamento della condizione umana, ambigua e irrisolta. In questo senso i romanzi più significativi sono quelli incompiuti o aperti.

Come osserva Olivia Guaraldo,

La comprensione concettuale tira le sue fila da una prospettiva esterna, lontana, astratta. La narrazione dipana invece i suoi fili a partire da una prospettiva immersa nel mondo contingente dei fatti umani. La narrazione non conosce la verità dell'"occhio divino", ma accoglie l'oggettività di tanti irriducibili occhi.

E aggiunge:

Sintomaticamente la narrazione non conosce ortodossia: non vi è una storia più vera dell'altra, ma tante storie reali. (Guaraldo 2003)

La natura totalizzante e riduttiva della conoscenza scientifica non può esaurire la ricchezza, la varietà, la pluralità dell'umano, che eccede ogni definizione e ogni rappresentazione concettuale: tanto che l'astrazione e la conoscenza basate sulla scienza hanno carattere violento e totalitario. L'unicità di ciascuno di noi esige il racconto, unico modo per seguire l'errabondo svolgimento di una vita, piena di accidenti, di contingenze, di sinuosità e di caos creativo. E questo raccontare è matrice di conoscenza. La differenza tra questa conoscenza e la conoscenza di tipo scientifico è piuttosto netta. La prima è una ricerca del senso della vita e del mondo in cui ci troviamo, vasto ed enigmatico, abitato da voci, volti, intenzioni: ricerca che può essere sempre rinnovata perché ogni conquista in questa direzione è sempre dimenticata. La seconda modalità di conoscenza procede per sistemazioni, sinossi, modelli logici: è una modalità riduttiva, secondo la quale pensare significa conoscere mediante concetti. Essa opera un trasferimento totale del pensiero, che è legato alla vita e alla sua base biologica, corporea e immersiva, esiliandolo nella sfera della conoscenza scientifica, basata sulla certezza, sulla dimostrabilità, sulla riproducibilità, sulla coerenza logica.

Per quanto oggi la seconda modalità sembri prevalere, la prima, quella legata al corpo e alla narrazione, non è morta, anzi sembra inestirpabile e in certi casi quello che Emilio Rossi chiama "il principio di narratività" impronta di sé anche la scienza, conferendole, come ho detto, un carattere narrativo, aperto e ambiguo. Per di più le storie sono tante, potenzialmente infinite, sono intrecciate tra loro in una matassa inestricabile, entro la quale e dalla quale nascono di continuo altre storie, per gemmazione, per imitazione, per assonanza o per opposizione. Questa pluralità si oppone con tenacia all'idea dell'unicità delle origini, della purezza, della razionalità progressiva, dell'innocenza primordiale, così come il mondo florido, impuro, meticciato ed esuberante della vita si oppone alla scarnificazione unilineare dei concetti operata dagli strumenti logici. Da quella germinante matassa di storie, il narratore ne estrae una, ma la storia narrata si pone sempre sullo sfondo delle altre storie possibili, ed è questo sfondo che la fa vivere. E la storia segue sé stessa, le proprie sinuosità, si rivela a mano a mano che procede: ogni storia scaturisce dal suo essere raccontata, prima di essere raccontata non esiste: esiste solo la necessità primordiale di raccontare. E questo raccontare spesso svela verità, sia pure parziali, sia pure minime, che non esistevano prima o che esistevano ma erano celate e vengono scoperte solo ora dal narratore. Che si tratti di un fatto o di un'invenzione, il racconto s'interessa alla propria singolarità rispetto alla matassa di fondo. Il resoconto scientifico, al contrario, vuol fare della matassa un unico canapo intorcigliato e indivisibile, da cui traspaiano solo le norme e le leggi di ogni possibile narrazione, sopprimendone la pluralità in nome della comune natura di storie. Così il nasce il *concetto astratto* di narrazione, visto da lontano, un concetto che vuol essere latore della verità unica. Così nascono le tassonomie, le distinzioni, le classificazioni... Così la vita diventa pensiero formale.

La formalizzazione

Per molte scienze, specie per le scienze "esatte", di cui è prototipo la fisica matematica, la ricchezza semantica, l'ambiguità, il rigoglio sinonimico e la sfumatezza delle lingue naturali costituiscono non un pregio, bensì un inciampo. Chi si occupa di scienze esatte tende (dico tende, ma non sempre giunge) all'univocità, alla precisione e alla chiarezza dei termini e degli enunciati: perciò è spinto, addirittura costretto, a usare, invece della lingua ordinaria, un linguaggio "formale" o "simbolico", che ha molto di artificiale e che differisce di molto o di poco dalla lingua ordinaria.

Un linguaggio formale si ricava dalla lingua naturale precisandola e impoverendola. Si rendono esplicite le definizioni dei termini e le regole del loro uso e se ne limita il numero. Si eliminano ambiguità, sinonimie, omonimie: in matematica "anello" e "cerchio" non sono più sinonimi, ma indicano enti diversi; "campo" indica una precisa struttura algebrica e non (anche) un appezzamento di terra coltivato o un settore disciplinare. Si tratta, insomma, di dosare le differenze, introducendone alcune dove non erano e sopprimendone altre dov'erano. L'esempio forse più semplice e manifesto di linguaggio formale ottenuto in questo modo è quello dell'aritmetica: per contare gli oggetti bisogna che le differenze che rendono unico ogni oggetto vengano trascurate, mentre vengono mantenute le differenze che distinguono gli oggetti contati dagli altri oggetti (le mele sono considerate diverse dalle pere, mentre sono considerate tutte uguali, o meglio equivalenti, tra loro, anche se non lo sono: quindi posso sommare mele con mele ma non mele con pere).

Unificando ciò che è distinto, eliminando diversità, accorpando sottoclassi e sottocategorie in classi e categorie, oppure, all'opposto, mantenendo certe differenze, e poi introducendo simboli speciali, univoci e stenografici, si giunge a costruire uno strumento (un universo) linguistico semplice e agile (*Le sorprese del calcolatore*, p. 157).

A questo punto il linguaggio formale in parte si stacca, per così dire, dal ricercatore e diventa una sorta di congegno semiautomatico, una "macchina della mente" capace di procedere, guidata ma in semilibertà, verso la costruzione e l'elaborazione di enunciati, formule, equazioni, teoremi, cioè verso la costruzione di risultati formali anche molto complicati.

Il ricercatore, spesso ma non sempre, tiene presente il mondo da cui è partito, e cerca di mantenere i collegamenti interpretativi tra i risultati che via via ottiene e gli oggetti e le relazioni di quel mondo. A volte invece non lo fa (anche perché lo sforzo è arduo e rallenta il procedere formale) e la corrispondenza tra il formalismo e il mondo (o forse tra il formalismo e la lingua che descrive quel mondo) viene eventualmente costruita solo alla fine del procedimento di elaborazione formale.

La costruzione di questa corrispondenza è un passo per certi aspetti inverso rispetto alla formalizzazione. Là si trattava di passare dalla lingua ordinaria (o dal mondo che è descritto in quella lingua) a un linguaggio (o a un mondo) semplificato: si trattava di eliminare informazione. Qui si tratta di aggiungere informazione, di rimpolpare i risultati formali e di tradurli nella lingua ordinaria. È un'operazione delicata che, come tutte le operazioni di interpretazione o traduzione, non può riuscire del tutto. Nella traduzione qualcosa va perso, sempre, ma a volte, a sorpresa, s'insinua qualcosa di inaspettato (Appendice D).

Nel primo passo, la semplificazione che porta al linguaggio formale rischia di produrre un modello troppo povero e quindi di fornire risultati insignificanti. D'altra parte, se non si semplifica abbastanza, il modello è troppo ricco per essere maneggevole e non si riesce a conseguire alcun risultato. Si tratta di raggiungere un compromesso tra maneggevolezza e significatività.

Nel secondo passaggio (traduzione inversa, dal linguaggio formale alla lingua ordinaria) si presenta un rischio diverso, dovuto all'impossibilità di una traduzione completa: anche il testo formale, pur derivando all'origine il suo linguaggio da un impoverimento della ricca lingua comune, ha via via acquisito con l'elaborazione un suo contenuto (semantico) in parte impenetrabile, ostinato, impervio. Sia la lingua ordinaria sia il linguaggio formalizzato descrivono il mondo, o un suo frammento, ma a livelli diversi, in modi non del tutto confrontabili o sovrapponibili. E ciò che non si può tradurre dal formalismo alla lingua ordinaria (cioè dire "in parole") potrebbe essere proprio l'essenza profonda del contenuto semantico del formalismo.

Non tutte le scienze, peraltro, sono formalizzate nella stessa misura: sia perché non ne hanno bisogno, sia perché ne riceverebbero danno. Norbert Wiener osservò che l'impoverimento associato alla formalizzazione sarebbe devastante per discipline che, come l'antropologia, la sociologia e la psicologia, si occupano di entità (umane) complesse, immerse in una rete di relazioni essenziali, molteplici e stratificate e in una storia imprescindibile. Per molte discipline (psicologia, sociologia, antropologia) è molto più adeguata un'impostazione di tipo "narrativo", basata sui casi particolari, sugli eventi, anche sugli aneddoti, che non un'impostazione formalistica che ne ridurrebbe l'oggetto, complesso e sfaccettato, a una caricatura per difetto.

La questione del tempo

La narrazione si svolge nel tempo e, per quanto problematica sia questa nozione, non c'è dubbio che il luogo del racconto sia il tempo. Anzi, il tempo è il luogo di ogni esperienza, azione e conoscenza umana: noi siamo nel tempo (forse *noi siamo il tempo*) e il nostro soggiorno vi è dolorosamente limitato. Le scienze, invece, soprattutto quelle più formalizzate, sembrano volersi svincolare dalla dimensione temporale per vivere in un assoluto ucronico. Consideriamo la fisica e cerchiamo di capire come nascono i suoi resoconti e le sue descrizioni dei fatti del mondo. Alessandro Volta descrive le sue esperienze sulle rane con stile narrativo, usando la prima persona e annotando tutte le fasi degli esperimenti (crudeli) che conduce. Il 2 marzo egli scrive (parafraso): "Oggi, 2 marzo, sono entrato nel mio laboratorio, ho preso la rana n. 5 e su di essa ho operato come segue... e ho osservato che..." Il 3 marzo scrive: "Oggi, 3 marzo, sono entrato nel mio laboratorio, ho preso la rana n. 14 e su di essa ho operato come segue... e ho osservato che..." E così via, raccogliendo nel suo libro mastro le descrizioni degli esperimenti.

Poi però c'è un secondo passo: tutte queste narrazioni particolari formano un insieme che può essere ampliato con l'aggiunta di altri resoconti analoghi o omologhi di fatti simili (uso questi aggettivi in modo non rigoroso). Di questa famiglia di narrazioni si mettono poi in rilievo le regolarità (i tratti comuni, le qualità primarie) e se ne eliminano gli accidenti (i tratti specifici, le qualità secondarie). La scelta (perché di scelta si tratta) di conservare certi tratti e di eliminarne altri è un processo di *astrazione* e il suo risultato è una narrazione scarnificata, che non si riferisce a nessun evento particolare, bensì a un evento di ordine superiore, un *meta-evento*.

Nasce, insomma, una sorta di "narrazione del second'ordine", che siamo abituati a considerare tipica della fisica, e che per una tradizione ormai consolidata viene proposta con uno stile particolare. Essa risulta impersonale, è situata nel tempo presente (in realtà è fuori del tempo), è redatta con stilemi e clausole stereotipiche che ne mascherano la natura narrativa. Una narrazione del second'ordine è un sublimato di narrazioni del prim'ordine. Nel passaggio vengono cancellate le passioni, gli entusiasmi e gli scoramenti che hanno accompagnato lo scienziato nel suo cammino verso la scoperta, viene occultata la natura incerta e zigzagante del procedere, i vicoli ciechi, gli errori: insomma il contesto della scoperta viene sacrificato a quello che è stato chiamato il contesto della giustificazione. Questo sacrificio, che ha le sue valide ragioni, spesso impedisce di riconoscere il carattere narrativo della scienza: così com'è presentata nei manuali, la fisica appare come una successione argomentata di asserzioni più o meno apodittiche, dove il termine "successione" si riferisce alla concatenazione logica (e la logica è fuori del tempo!) più che alla sequenzialità temporale.

A riprova del carattere narrativo (sia pure del second'ordine) della fisica, cioè della circostanza che la fisica è la traduzione in parole di un fatto del second'ordine, consistente nei tratti comuni di una famiglia di fatti del prim'ordine omologhi, si consideri il caso particolare della cosmologia, che si occupa di un solo fatto del prim'ordine, cioè della storia dell'universo: poiché questa storia è unica e non consente di passare alla narrazione del second'ordine, la cosmologia si presenta come una narrazione del prim'ordine, in cui il carattere narrativo è palese. Eppure la cosmologia è considerata una scienza a tutti gli effetti[5].

Esistono dunque diversi ordini o livelli di narrazione: la narrazione del prim'ordine, cioè la narrazione di un fatto (reale o fittizio, cioè del mondo o della mente), che ne fornisce un resoconto filtrato da esigenze, capacità e interessi del narratore; la narrazione del second'ordine, che ha per oggetto una famiglia omogenea di fatti, che ne mette in luce le omologie o regolarità (anche questa narrazione è relativa al narratore-osservatore e ai suoi scopi: il narratore-osservatore può essere anche un soggetto collettivo); la narrazione del terz'ordine, che ha per oggetto famiglie di narrazioni del second'ordine, come sarebbe la filosofia della scienza, oppure le considerazioni che sto facendo qui; e così via. In pratica la stratificazione si arresta, credo, al terz'ordine, ma si possono concepire anche ordini superiori al terzo.

Torniamo alla questione del tempo.

Nelle narrazioni del prim'ordine bisogna distinguere il tempo intrinseco del fatto dal tempo interno alla narrazione di quel fatto; e quest'ultimo a sua volta va distinto dal tempo della rievocazione-lettura. Il tempo "intrinseco" del fatto è sfuggente come il fatto stesso: in linea di principio può essere definito in base a uno strumento di misurazione (un orologio), ma di fatto si moltiplica e si rifrange per quanti sono i protagonisti e i testimoni del fatto, e, anche, per quante sono le angolazioni dalle quali il fatto è stato, o sarebbe potuto essere, osservato. E comunque è un tempo che scompare, inghiottito in un passato irrecuperabile.

Si pensi alla storia: qual è il tempo intrinseco delle vicende degli Ottoni o di Hammurabi? Non ne possediamo nessuna indicazione, se non appunto quella della narrazione storica, che però ci restituisce un altro tempo, localmente dilatato o contratto a seconda della soggettività dello storico. Anche le date, che sembrano oggettive, in realtà dànno indicazioni che di per sé sono insignificanti, se non vengono inserite in un tessuto narrativo che tuttavia stravolge il tempo intrinseco o "reale". Ma anche di un fatto molto recente (l'incidente di Cernobil) è difficile stabilire il tempo intrinseco, se non adottando forzosamente un insignificante orologio unico per tutte le diverse serie temporali corrispondenti ai diversi sottofatti contenuti nel fatto e suscettibili di (e restituite dalle) descrizioni fornite dai diversi soggetti. Insomma, a ben riflettere, la relatività del tempo teorizzata da Einstein è esperienza comune nel mondo dei fatti-esperiti-dai-soggetti. E non ci sono altri fatti che quelli esperiti dai soggetti, quindi filtrati e interpretati. La finitezza del soggetto e delle sue risorse (in primo luogo proprio il tempo) fa sì che l'effetto più vistoso della filtratura e interpretazione sia l'omissione: non sempre deliberata, a volte inconsapevole, ma sempre presente. Tale è l'abbondanza del reale, che gran parte di esso resta fuori di ogni resoconto ed entra nella sterminata provincia del senza-storia, che si affianca alla sterminata provincia del non-accaduto.

Nelle narrazioni del second'ordine sembra che il tempo si sia eclissato (si pensi a una formula della fisica, per esempio $f = m\,a$). Resta il tempo della rievocazione-lettura-comprensione. Poiché la parola (in particolare la parola scritta) è seriale, essa comporta un tempo di dispiegamento, che tuttavia ha poco a che fare con il tempo intrinseco dei fenomeni descritti. Questo tempo intrinseco, che è il tempo in cui ciascuna delle particolari istanze del fenomeno si è svolta (il tempo in cui Volta ha eseguito un esperimento particolare su una rana particolare), è distorto e indebolito nelle narrazioni del prim'ordine (quelle fatte da Volta ai suoi colleghi o riportate nel suo diario) e sembra addirittura eclissarsi quando si passa alla narrazione del second'ordine, dove lo stile diventa impersonale e tutto è narrato nell'atemporalità di un presente fittizio.

Nella proposizione: "Un grave, posto su un piano inclinato senza attrito, scorre sul piano con moto uniformemente accelerato" l'unico tempo è quello che il lettore impiega a leggere la proposizione.

Il tempo impiegato dal grave a scorrere sul piano è scomparso. Ma è scomparso il tempo anche nelle formule della cinematica o della dinamica in cui si usa il parametro t, che ha il compito puramente formale di consentire i calcoli. Questo tempo è un tempo "finto", come dimostra la reversibilità delle descrizioni della fisica rispetto all'irreversibilità dei fenomeni reali. Eppure, se si esegue un esperimento per verificare la legge (o la formula che la esprime), il tempo ricompare ed è il tempo impiegato da *quel* grave per scorrere da un punto all'altro di *quel* piano inclinato. Allora il tempo, che sembrava scomparso nella formula, è soltanto latente o potenziale, pronto a ripresentarsi sulla scena quando si voglia applicare la formula.

In questo senso una formula della fisica è una famiglia o un compendio di narrazioni, un fascio di storie da cui è stato spremuto via il tempo come dal latte condensato è stata eliminata l'acqua. La formula *f = m a* è una biblioteca sterminata di storie particolari, ciascuna delle quali s'invera quando narro la storia di una particolare massa (Luigi) soggetta in un certo momento particolare a una particolare accelerazione (quella di gravità) – Luigi che cade dalla finestra – così come recupero il latte liquido quando aggiungo l'acqua alla bianca polvere anidra del condensato.

Il tempo è assente, *a fortiori*, anche nelle narrazioni di ordine superiore al secondo: quando si parla di epistemologia, di mito, di metafisica, di teologia, se il discorso non è esplicitamente storico, cioè episodico (nascita del mondo, caduta degli angeli ribelli, origini evolutive della razionalità, storia del concetto di atomo o di numero reale e così via, che sono narrazioni del prim'ordine), ma si colloca nell'atemporalità dell'istantanea (natura e categorie della conoscenza, natura del mondo, esistenza e natura di Dio), il tempo scompare. E anche negli episodi particolari del mito o della teologia il tempo è favoloso, e può essere lontanissimo dalla nostra esperienza soggettiva del tempo.

Anche nella descrizione del mondo, dell'anima o di Dio si fanno delle scelte e queste scelte corrispondono a una natura arborescente del processo di creazione: i molti rami cui si è di fronte a ogni passo vengono potati, tutti tranne uno; così tutte le contingenze vengono eliminate tranne una, che diventa necessità. Il carattere arborescente è tipico della narrazione (dei fatti del mondo, ma più ancora dei fatti fittizi o mentali, anche scientifici, nel loro farsi). La narrazione non ha dunque radici solo nel mondo dei fatti, ma anche nel soggetto che li osserva, o meglio, le sue radici affondano nell'interazione dinamica tra mondo e soggetto. Poiché il soggetto vive nel tempo, le sue ricognizioni del mondo non possono che essere atti temporali e, per la necessità delle scelte, arborescenti.

Si potrebbe obbiettare che ben diverse sono le scelte operate dal soggetto per descrivere (narrare) un incidente ferroviario e per descrivere una legge della fisica. Nel secondo caso i criteri adottati sarebbero "oggettivi" e nel primo "soggettivi": ma questa distinzione equivale, in pratica, a tracciare una differenza tra gli scopi che si prefigge l'osservatore-narratore. Il giornalista e il fisico hanno scopi diversi. Le scelte che si fanno nelle narrazioni della fisica sembrano essere "oggettive", nel senso di necessarie o inevitabili, ma ciò deriva solo dalla nostra scelta (anzi, meta-scelta) di dare alla narrazione certi caratteri: la riproducibilità, l'universalità, la riscontrabilità sperimentale e così via delle proposizioni della fisica si possono di fatto compendiare in una sola caratteristica, cioè che, in linea di principio, ciascuno può aggiungere al fascio delle narrazioni del prim'ordine rappresentate dalla legge un'ulteriore narrazione particolare, omologa alle altre, e farla confluire (e svanire) nella legge. Questo rientra, appunto, nel contesto della giustificazione.

Inoltre le scelte "oggettive" sono proprio scelte, cioè contemplano alternative possibili: si può concepire una narrazione del second'ordine del mondo (cioè una fisica), che non abbia le caratteristiche della nostra fisica: non servirà a costruire le macchine, ma potrebbe soddisfare altri bisogni (per esempio psicologici). La magia è, in questo senso, una narrazione del second'ordine, analoga alla fisica, seppure molto diversa sotto altri aspetti.

Come si vede, anche le scelte che si operano quando si narra si dispongono in una gerarchia: ci sono le scelte interne alla narrazione e ci sono le scelte "meta" o del second'ordine, per esempio, appunto, le scelte relative al *tipo* di narrazione che si vuol fare, cioè al tipo di regole che si vogliono adottare nel narrare. Resta il fatto che le narrazioni del prim'ordine riguardano eventi singoli, mentre quelle del second'ordine sono astrazioni che privilegiano tratti comuni in odore di universalità.

Resta aperto il problema della matematica. Non c'è dubbio che anche la matematica è nata dall'attività pratica, corporea, dell'uomo e solo con il tempo se n'è affrancata mediante un processo di astrazione. Ma non se ne può affrancare mai del tutto, perché la matematica è comunque sempre concreta, è pensata e praticata da esseri umani: come l'informazione, la matematica ha bisogno di un supporto materiale. È in questa interazione continua con gli umani che vedo il carattere narrativo della matematica. Certo non è una narrazione del prim'ordine, e forse neanche del second'ordine come l'abbiamo definita sopra, poiché, nella sua fase finale, cioè dopo la sistemazione, pretende di esistere di per sé, in un platonico iperuranio indipendente, staccata da tutto ciò che è materiale.

Inoltre non accetta di essere frutto di induzione, come la fisica: pretende di essere frutto di deduzione. È opportuno osservare che la deduzione matematica, che sembra così perfetta e a prova di errore, è in realtà una tessitura discreta, che congiunge l'ipotesi alla tesi con una serie finita di salti o passaggi. Dunque, anche qui siamo in presenza di una sorta di narrazione, cioè di sviluppo cronologico. È vero che la matematica non vive nel tempo, ma il matematico che sviluppa la dimostrazione del teorema o lo studente che l'impara percorrono un cammino temporale. È vero che la matematica è una tautologia e quindi si presenta tutta in una volta, fulminea e senza svolgimento, ma l'interesse della matematica risiede proprio nello svolgimento e nell'esplicitazione temporale di questa tautologia da parte di un soggetto. Anche quando prendiamo in mano un romanzo, esso è già scritto, quindi in un certo senso è dato, immutabile, tautologico, già tutto lì: ma la cosa interessante, come accade sempre nel campo dell'informazione, è il contatto, prolungato nel tempo, tra oggetto e soggetto. È da questo contatto dinamico e temporale che scaturisce dalla muta inerzia delle parole stampate la viva narrazione.

Secondo alcuni, tutta la nostra vita è lo sviluppo necessario di condizioni iniziali e al contorno: è solo la nostra ignoranza di queste condizioni che c'illude di libero arbitrio. Quindi le nostre narrazioni avrebbero tutte il carattere cogente delle dimostrazioni matematiche: la differenza starebbe allora nel diverso grado di trasparenza delle condizioni di partenza e delle loro successive trasformazioni, fino alle conseguenze ultime. In matematica la trasparente semplicità delle condizioni iniziali e dei procedimenti logici rende evidenti i passaggi e le conclusioni, sì da palesare il carattere necessitante delle concatenazioni. Nei casi della vita questa trasparenza non si dà: quindi credere o non credere nel libero arbitrio, almeno per ora, è frutto di una scelta ideologica, più che una conseguenza necessaria di osservazioni "oggettive". Del resto, anche se si dimostrasse che il libero arbitrio non "esiste", ma è solo una sensazione soggettiva, intanto anche le sensazioni soggettive "esistono" e hanno conseguenze rilevantissime, e poi, da un punto di vista operativo, continuare a comportarsi e a pensare *come se* il libero arbitrio esistesse in tutta l'intensità di questo verbo potrebbe risultare molto comodo. Tutti noi ci comportiamo *come se* il sole rotasse intorno alla terra. Anche in matematica godiamo di una certa libertà: nella scelta delle ipotesi di partenza, cioè degli assiomi, si manifesta un grado insospettabile di arbitrarietà. Non dimentichiamo poi che le narrazioni in senso stretto (i racconti), che sembrano così liberi e incondizionati, sono invece soggetti a parecchi vincoli, di natura sintattica (la struttura della lingua, che non può essere forzata troppo) e semantica (ogni racconto è soggetto a certe regole, magari implicite, di verosimiglianza e di coerenza interna).

Per concludere le considerazioni sul tempo, vorrei aggiungere che (i tempi di) tutte le narrazioni stanno all'interno di una sorta di tempo universale, *il tempo del mondo*. Dentro questo tempo le narrazioni si evolvono: i fatti, i criteri con cui i fatti vengono osservati e narrati, le narrazioni del secondo e del terz'ordine e così via mutano allo scorrere del tempo del mondo. Questi mutamenti hanno a che fare con l'evoluzione del mondo, che coimplica ed è coimplicata in tutti i possibili fatti (linguistici e non linguistici).

Due forme di conoscenza

Tutti gli uomini sono protesi per loro natura alla conoscenza
Aristotele

La sola ragion d'essere di un romanzo è scoprire ciò che solo un romanzo può scoprire: il romanzo che non scopre una porzione di esistenza fino ad allora ignota è immorale. La conoscenza è la sola morale del romanzo
Hermann Broch

Come ho detto, la narrazione opera una continua costituzione e ricostituzione del sé, direttamente oppure mediante i "sé sperimentali" che sono i personaggi: perciò è lo strumento di elezione per scandagliare l'essere umano nella sua complessità mutevole. Molti ritengono che il romanzo sia lo strumento più adeguato per sondare il mistero dell'esistenza, un mistero pieno di bagliori, di irrazionalità, di impulsi e di contrasti. Questa capacità deriverebbe al romanzo dalla sua robusta versatilità e, addirittura, dalla sua *impurità*, un'impurità che rispecchia l'impurità meticciata dell'uomo-nel-mondo, così lontana dalla purezza ideale vagheggiata dalla razionalità astratta.

Un romanzo sarebbe, insomma, più efficace di un saggio per penetrare e illuminare le frastagliate e oscure verità che più ci stanno a cuore. Il romanzo consente al lettore una *partecipazione* emotiva e commossa alle vicende narrate, gli consente un'identificazione empatica con i personaggi e opera quindi quel capovolgimento interiore, che sfocia nella consapevolezza che il racconto riguarda non entità astratte e siderali, bensì proprio lui, il lettore, nella sua unicità storica e affettiva: *de te fabula narratur*.

Sembra dunque che grazie alla narrazione il soggetto riprenda il posto centrale da cui era stato scalzato con la rivoluzione copernicana. Non si parla più di corpo in astratto, ma del *corpo vissuto*, non più del dolore, ma del *mio* o del *tuo* dolore. La narrazione riesce a rispecchiare la dimensione esistenziale, che colora di sé ogni esperienza, anche cognitiva, costituendo la premessa e il canale in cui far circolare anche l'informazione più fattuale. Abbiamo bisogno di narrazioni e di miti, perché queste forme di conoscenza-esperienza ci dànno la percezione della nostra appartenenza al gruppo degli umani, che sola ci può confortare dello strapotere della natura, della divinità e, oggi, della tecnologia.

Nella sua forma più alta, quando diventa opera d'arte, il romanzo riesce là dove falliscono scienza e filosofia: riesce cioè a ricomporre la scissione che, nell'uomo moderno, separa le idee dalle passioni. Del romanzo scrive Ernesto Sabato, fisico teorico e romanziere: "Né la pura oggettività della scienza, né la pura soggettività della ribellione istintiva: la realtà espressa da un io, la sintesi tra l'io e il mondo, tra l'inconscio e la coscienza, tra la sensibilità e la ragione" (Sabato 2000). Il romanzo, insomma, è fonte di conoscenza, quindi è una delle sorgenti cui si abbevera il bisogno umano di sapere.

Diversa è la conoscenza fornita dalla scienza. Purtroppo nel corso del tempo questa diversità è divenuta una vera e propria opposizione: la natura asseritamente universale ed esclusiva della conoscenza scientifica (universalità che resta tuttavia un atto di fede) non solo ha trasformato la conoscenza scientifica in Verità assoluta, ma, opponendosi a tutto ciò che vi è di soggettivo, ha screditato le emozioni, le passioni, l'individualità. In nome dell'oggettività e della verità si è tentato di eliminare l'umanità nella sua incarnazione reale e corporea, fatta di fisiologia e di cultura, situata nel tempo, nello spazio e nella società, si è tentato di negare all'uomo la sua peculiarità esistenziale e individuale per sostituirlo, sulla scorta della logica, con un modello astratto e semplificato. Del resto, nell'ambito dell'attività scientifica, la fase della sistemazione tende sempre più a cancellare e a far dimenticare la fase della scoperta. Questo imperialismo della conoscenza scientifica, che ha ridotto il mondo a un semplice oggetto di esplorazione sperimentale e di formalizzazione matematica, si arresta di fronte all'intimità dell'umano e, non potendola soggiogare, la ignora. Perciò quell'intimità, esclusa dal dominio della conoscenza scientifica, per molti ha perduto ogni valore e ogni interesse, lasciando nell'umanità una bruciante ferita, una macchia cieca, una dolente cicatrice, oggetto di assidua e volonterosa rimozione.

Alcuni dei tratti più caratteristici dell'uomo (la spiritualità, le passioni, le emozioni) non possono essere colti dalla scienza, e tanto meno dal suo scheletro formale, la logica, ma possono essere indagati dal romanzo. Quella scientifica e quella narrativa sono due conoscenze diverse nei metodi, nell'oggetto, nelle finalità. L'una è complemento dell'altra e nessuna delle due può aspirare alla primazia. La differenza tra le due forme di conoscenza si manifesta anche nel tenace inseguimento da parte della scienza di un traguardo ultimo, che sarebbe la descrizione-spiegazione del mondo nella sua interezza. Alla fine di questo percorso, che per statuto (cioè per dogma) nega l'*ignorabimus*, si collocherebbe un paesaggio senza ombre, senza enigmi, senza dubbi, dove regnerebbe una mortifera uniformità priva di contrasti e di novità creative. La piena attuazione di questo programma scientifico porterebbe quindi alla fine della scienza.

Da questa brama conoscitiva traspaiono un'orientazione del tempo e una fiducia incrollabile nel progresso. In letteratura, al contrario, non c'è progresso: ogni opera riuscita è un culmine insuperabile, perché inconfrontabile con le altre opere. Benché un'opera sia sempre situata nella propria epoca e sia meglio comprensibile nella prospettiva di quelle che l'hanno preceduta e condizionata, lo scorrere della storia non produce una crescita del "valore": Kafka non ha superato Cervantes e questi non ha superato Omero. Semplicemente non si possono fare confronti. Non solo: le zone d'ombra che i lettori riscontrano nelle opere letterarie riuscite non sono trucchi del mestiere, riflettono bensì l'oscurità dell'oggetto, cioè del giuoco inesauribile della vita. Il romanzo fornisce una conoscenza obliqua, indiretta, filtrata da un *velo oscuro* oltre il quale baluginano sprazzi e bagliori che sentiamo profondamente nostri. La tentazione è quella di strappare quel velo per vedere direttamente quelle verità: a questa tentazione bisogna resistere, perché di quelle verità fa parte, indissolubilmente, quel velo[6].

La conoscenza scientifica pretende di strappare il velo e, così facendo, ci offre una conoscenza abbagliata e senza ombre, che non ci appartiene più. O meglio: appartiene a tutti collettivamente, in un certo senso, ma non appartiene a ciascuno individualmente. Questa diversa natura delle due conoscenze è rispecchiata anche nelle lingue diverse di cui scienza e narrazione si servono. Ai personaggi dei romanzi, come agli uomini concreti, non servono i linguaggi formalizzati. Serve invece una lingua ambigua e contraddittoria, robusta e creativa, capace di rispecchiare, in modo approssimato ma efficace, l'universo contraddittorio e sfaccettato dell'uomo inestricabilmente immerso nel mondo. Il linguaggio della scienza e quello della letteratura sono animati da tensioni opposte: quello verso l'univocità, questo verso una continua modificazione del lessico, verso una forzatura della sintassi e della semantica nel tentativo di adeguare la lingua all'inafferrabile mutevolezza dell'uomo-nel-mondo.

Credo che uno dei discrimini fondamentali tra narrazione e scienza sia la posizione dell'"io". Tutta una tradizione filosofica e, in genere, culturale ha ipostatizzato la soggettività individuale, rifiutandone con pervicacia ogni riduzione scientifica, in particolare d'impronta materialistica, e approdando così a un antropocentrismo che è ben rispecchiato nella produzione letteraria. Anche se le narrazioni sono spesso condotte in terza persona, sotto questo esiguo camuffamento si scorge benissimo l'"io", quello che Gadda chiamava "il più lurido di tutti i pronomi", associandolo a, e condannandolo con, una certa cultura superficiale, provincialotta e piccolo-borghese. L'"io" letterario rispecchia la tendenza tolemaica a collocare l'uomo al centro del mondo, ignorandone la natura sistemica e l'inevitabile immersione dell'io nel mondo, "la condizione di simbiosi, cioè di necessaria convivenza di tutti gli esseri", come dice Gadda. Se così fosse, cioè se l'io fosse isolato dal resto del sistema, Gadda avrebbe ragione: l'io sarebbe un'entità isolata, incapace di comunicare e di essere percepita, dunque inesistente. Ma è qui il paradosso della narrazione: l'io è sì posto al centro, ma costituisce e ricostituisce senza posa un suo mondo, che comunica con il mondo "reale" attraverso l'io concreto e vivo dell'autore, che è, lui sì, collegato a tutto il sistema. È chiaro che questo legame è soggettivo, individuale, non oggettivabile, ma ha un carattere di universalità che gli deriva dalla comune natura (evolutiva, sistemica, razionale, emotiva e culturale) di tutti gli "io" individuali. Si ricrea così, attraverso queste profonde radici condivise, il legame che pareva spezzato e si ricostituisce la possibilità di comunicare, che pareva negata dall'isolamento individuale. Siamo fatti tutti della stessa "materia".

La scienza, al contrario, si sbarazza subito dell'"io", come del retaggio, ingombrante e quasi vergognoso, di una cultura ormai sorpassata. Da tutti gli "io" individuali astrae un "io" collettivo, un soggetto fittizio (protagonista dello stile impersonale dei resoconti scientifici), che respinge ai margini tutti gli "io" singoli per mettere in evidenza ciò che hanno di comune: le regolarità riproducibili, le leggi universali, le sostanzialità non contingenti. In altre parole, si dedica all'indagine di quelle radici comuni e di quel legame soggiacente, da cui spuntano e a cui attingono i singoli, con le loro individualità e i loro accidenti; e però la scienza tende a ignorare gli individui. Insomma, il romanzo si occupa dell'individualità e raggiunge l'universalità, attraverso la comune natura profonda degli individui; la scienza coltiva l'universalità, occupandosi della natura comune, e recupera l'individualità entrando in contatto con la base condivisa in cui affondano le radici i singoli. Per usare i termini introdotti a p. 12, il romanzo parla a un cervello individuale che è collegato al cervello comune, da cui a loro volta aggettano tutti gli altri cervelli individuali; la scienza parla direttamente al cervello comune, da cui aggettano i cervelli individuali.

In conclusione, scienza e romanzo offrono conoscenze diverse: diverse come intenzioni e diverse come esiti, ma *entrambe intersoggettive* e non una soggettiva, il romanzo, e l'altra oggettiva, la scienza. Una letteratura puramente soggettiva non potrebbe esistere, o meglio sarebbe incomunicabile; allo stesso modo una scienza puramente oggettiva non potrebbe esistere, perché ogni conoscenza postula un soggetto che di quella conoscenza sia titolare e protagonista attivo e, insieme, ascoltatore filtrante e costruttivo.

Quindi, pur diverse, le due conoscenze si cercano e potrebbero un giorno, chissà, incontrarsi e fondersi come al principio della civiltà documentata. Ma a tal proposito ho dei dubbi, che nascono dal modo in cui la scienza affronta l'"io". È proprio l'esclusione programmatica dell'"io" che impedisce alla scienza di essere fonte di conoscenza sistemica, una conoscenza che riguardi l'umano nelle sue dimensioni integrate di emozioni, razionalità, mente e corpo insieme e, sullo sfondo, il gigantesco gomitolo del mondo. La scienza non è e non può essere fonte di conoscenza sull'uomo, sulla condizione umana, sui drammi dell'esistenza, sulle passioni, sull'inconscio, sul sogno, sulla presenza corporea nel mondo: insomma, scienza e letteratura si rivelano complementari, affrontano dimensioni del mondo e dell'uomo che non si possono incontrare. Nessuna delle due dev'essere sottomessa all'altra, perché sono incommensurabili. La scienza è, sì, una narrazione, ma è talmente specifica che il suo esito conoscitivo è profondo e rigoroso, ma affilato e circoscritto.

Se e quando la scienza arriverà a considerare gli aspetti dell'uomo-nel-mondo che oggi trascura (la coscienza, i sentimenti, le percezioni, i *qualia*...) lo farà ancora, per suo statuto, ignorando l'"io" e la coscienza fenomenologica e riflessa di cui l'"io" è titolare unico. La scienza, si dice spesso, abbatte miti e superstizioni: ma nel bilancio di quest'operazione iconoclasta non entrano quasi mai i costi in termini di disincanto, appiattimento, avidità, consumismo, sofferenza e infelicità. Mi si potrà obbiettare che il mondo che abbiamo avuto finora, più dedito al romanzo che alla scienza, non è certo stato felice o se lo è stato lo è stato per pochissimi fortunati. È vero, ma il punto è che non possiamo confrontare il mondo passato, che conosciamo solo per sentito dire, con un mondo futuro di cui possiamo solo tentare di indovinare i connotati. È un tentativo del tutto velleitario e ridicolo: l'unico mondo che conosciamo (solo un po'!) è il mondo presente, in cui viviamo. E la deriva che farà scaturire da questo il mondo futuro è talmente complicata, eterogenea e composita, che i nostri desideri e le nostre speranze vi avranno solo una piccolissima parte: quindi li possiamo esercitare a cuor leggero.

Tornando al tema, tra le due conoscenze non ci dovrebbe essere quell'opposizione bellicosa ed esclusiva che oggi sembra la bandiera di tanti, specie da parte degli scienziati, che forse cercano un riscatto di reputazione dopo anni di bando da parte di umanisti sussiegosi. Se vincessero i fautori della supremazia scientifica, si approderebbe a quello che Heidegger chiamava l'"oblio dell'essere", cioè un appiattimento dell'umano sulle sue dimensioni economica e tecnica, cosa che in certa misura sta già avvenendo: una situazione per nulla auspicabile. Se vincessero i fautori della conoscenza narrativa vi sarebbe forse un rallentamento della corsa allo sviluppo, ma non sarebbe poi un gran male (qui debbo fermarmi, perché il tema è di quelli che richiederebbero un altro libro). Spero invece nella coabitazione, che potrebbe avvenire all'insegna della complessità del sistema "uomo-nel-mondo", complessità che autorizza, anzi postula, più livelli di osservazione e descrizione. Entrambe le descrizioni sono legittime e compatibili con il sistema, nessuna delle due lo esaurisce, ma ciascuna fornisce qualche verità su di esso. Ed è forse l'insufficienza di ciascuna delle due che ci fa sperare in una lunga vita sia della scienza sia del romanzo.

Per concludere, direi che il mondo nel quale ci troviamo e col quale interagiamo in una costante e profonda coimplicazione, sia filogenetica sia ontogenetica, è, da parte nostra, oggetto continuo di narrazione. La nostra conoscenza-azione (le due sono facce della stessa medaglia) ha due forme fondamentali, che possiamo separare concettualmente, ma tra le quali, di fatto, esistono legami e scambi continui: c'è una conoscenza del corpo, immediata, immersiva, implicita, e una conoscenza della mente, mediata e tendenzialmente distaccata, esplicita, oggettivante e oggettivata[7]. La seconda forma di conoscenza si esplica nella parola, in particolare nei testi: si dispone dunque in una sequenzialità temporale e si presenta in forma di narrazione. L'altra narrazione, quella del corpo, costituisce una sorta di autonarrazione implicita, di autorappresentazione inconsapevole, dove attore e personaggio sono inseparabili: è solo con uno sforzo cosciente che riusciamo a distaccarci da noi stessi per narrare di noi: e lo facciamo con le parole. Centrale dunque, per la narrazione della mente e della parola, è la coscienza.

Tutta la storia della cultura è un tentativo di tradurre le conoscenze implicite del corpo e del mondo (i "fatti") in conoscenze esplicite in forma di parole o di testi (le "storie"). Questa traduzione non può riuscire del tutto (l'informazione contenuta nei fatti è infinita e i linguaggi del mondo e dell'uomo sono profondamente diversi). Che non possa riuscire lo dimostra anche il fallimento dell'impresa dell'intelligenza artificiale funzionalistica, che si è svolta all'insegna del riduzionismo linguistico: cioè è stata un tentativo di dare del mondo una rappresentazione-narrazione simbolico-linguistica (Appendice D).

Che cosa resta della verità?

Esiste ormai nella cultura una certezza diffusa sul fatto che la razionalità solamente scientifica, con il suo dominio oggettivo della realtà, non può arrivare alla verità delle cose. La verità non può essere racchiusa in asserzioni universali e assolute. Conoscere non è dominare, ma partecipare alla realtà, condivisione empatica. [...] Nella strada del Terzo Millennio non è possibile andare avanti con la "sola" ragione: abbiamo bisogno di una ragione "accompagnata"

José M. Galván

Communicatio facit civitatem

San Tommaso

L'uomo occidentale è ossessionato dalla verità. È disposto a vendere l'anima per una particola di verità. Privilegia la verità sopra ogni cosa, a prescindere dalle *conseguenze* della verità: la cui rivelazione (o scoperta) produce a volte disastri, dolore, morte. Sapere la verità non è sempre positivo, e la sincerità a tutti i costi, di cui alcuni si vantano, può essere una stupida forma di debolezza. Come in tutte le circostanze della vita, anche il trattamento della verità richiede saggezza, prudenza e temperanza, perché la verità è impegnativa, pericolosa e bruciante. E che cosa significa "dire la verità"? Spesso ci si basa su un'autorità superiore e inappellabile, senza tener conto della contraddittoria e pulsante realtà degli esseri umani. Si sconfina così nella violenza e nell'inganno: chi è persuaso di possedere la verità spesso è posseduto dalla menzogna. Tanto più quando vuole imporre la sua verità all'altro, magari "per il suo bene".

La verità dunque va trattata con cautela e avvedutezza. Mi riferisco soprattutto alla verità relativa alle cose umane, ma il discorso può riguardare anche le verità scoperte dalla scienza, come dimostrano il caso di Galileo e la riluttanza di Gauss a pubblicare le sue ricerche sulle geometrie non euclidee, per timore delle "grida dei beoti": e bisogna pur dire che Gauss si dimostrò più saggio di Galileo. L'ossessione per la verità, credo, deriva dalla tradizione di quel popolo geniale e pericoloso che furono i Greci, e raggiunge il suo culmine nella scienza: la scienza si è sostituita alla chiesa come fonte di verità. Sostituendo alla verità rivelata della religione la verità svelata dall'uomo attraverso la razionalità e l'esperimento, la scienza ha posto una pesante ipoteca sulla propria natura: perfettibile, sì, ma universale, demo-totalitaria (nel senso di unica), astorica, insomma assoluta. Una nuova divinità cui sacrificare.

Da qualche tempo questa ubriacatura idolatrica si sta attenuando e a farne le spese, è in primo luogo, il concetto di verità. Ci si rende ormai conto che tra noi e la realtà ci sono molte interfacce, una delle quali, forse la più impenetrabile, è il linguaggio: si capisce che la descrizione scientifica è fatta di metafore, di modi di dire, di pratiche, per cui si parla non più di verità, bensì di adeguatezza, di efficacia, di utilità o di conformità agli scopi. Con dolore vediamo che tutto si relativizza. Abbiamo nostalgia delle antiche certezze, delle grandi sintesi unitarie: ma non possiamo cedere alla nostalgia.

Anche nelle scienze in apparenza più solide e oggettive si fa strada la consapevolezza che ogni singolo punto di vista è relativo e insufficiente. Il mondo, pur essendo uno, si sottrae a ogni sforzo teorico unitario fondato soltanto sulla razionalità algoritmica: in cambio di una comprensione, sia pur minima, di un significato, sia pur fuggevole, esso pretende da noi una partecipazione immediata, ampia, non solo razionale, ma insieme corporea e mentale, in cui si possa rispecchiare, in modo per così dire "ontocognitivo", il nostro essere-nel-mondo "filocognitivo" senza il diaframma calcolante che la nostra scienza vorrebbe interporre tra soggetto e oggetto (e i cui limiti sono stati messi in luce anche dalla parabola dell'intelligenza artificiale simbolico-funzionalistica). Questa riunificazione di soggetto e oggetto ci fa comprendere che conoscere qualcosa è sempre anche conoscere qualcosa di sé e che non si ricava conoscenza senza che ciò modifichi l'oggetto stesso della conoscenza. Inoltre azione e conoscenza sono inseparabili. La conoscenza è sempre un'azione dagli esiti incalcolabili e l'azione è sempre una conoscenza dagli esiti irrealizzabili.

Da una, indivisibile e cumulativa, la verità diviene plurima, complessa, variabile, relativa. Da globale diviene locale e, localmente, è la risultante o intersezione tra diverse verità soggettive che partecipano della cultura, della politica, dell'etica.

Restano, certo, le grandi verità della matematica. Nel suo saggio "Che cos'è un numero, che un uomo può conoscerlo, e che cos'è un uomo, che può conoscere un numero?" Warren McCulloch riporta una rocciosa affermazione di Sant'Agostino: "7 più 3 fa 10; 7 più 3 ha sempre fatto 10; mai e in nessun modo 7 più 3 ha fatto altro che 10; 7 più 3 farà sempre 10. Affermo che queste indistruttibili verità dell'aritmetica sono patrimonio di tutti coloro che ragionano." Ma se osserviamo da vicino la levigata e granitica superficie di quel 3, di quel 7 e di quel 10 stagliati contro il cielo tempestoso delle verità eterne, rischiamo di scoprirvi la stessa granulosità e gli stessi caotici ribollimenti che il telescopio ci fa scoprire sulla superficie in apparenza liscia e uniforme dei corpi celesti.

In effetti, come ci insegna la fisica moderna, la realtà che ci circonda brulica di un disordine e di un'indeterminazione essenziali. Eppure da questa realtà, e usando un cervello di complessità disperante, sede anch'esso di continui fenomeni caotici e di catastrofi, siamo riusciti a estrarre i concetti limpidi e rigorosi della matematica. È come se con un'assidua opera di correzione e depurazione concettuale avessimo mantenuto quei concetti a temperatura abbastanza bassa da evitare gli effetti perturbatori dell'agitazione termica. Ma se si comincia a osservare la matematica con la lente della "procedura effettiva", tale profilassi criogenica rischia di non bastare.

Così, anche l'indubitabile verità della matematica sembra subire i colpi della relatività. Se ci avviciniamo troppo al nostro oggetto siamo colti da vertigine, scopriamo le rughe, le crepe gödeliane, la dinamica procedurale. Figuriamoci quando dalla matematica ci spostiamo su terreni più incerti e dubitosi, inquinati dall'uomo e dalle sue attività terrestri, intrise di irrazionalità e di passione: in questi territori fiorisce il lusso dell'abbondanza che tanto contrasta con l'essenzialismo delle scienze, dominate dal rasoio di Occam (si veda *La narrazione e il mondo* a p. 130). E l'abbondanza, presente in biologia con sfarzosa varietà, si riscontra in tutte le opere dell'uomo: arte, moda, gastronomia, architettura, letteratura... Tranne che nella scienza. E già li sento, i superciliosi guardiani e i rancorosi censori della moralità cognitiva, che ci ammoniscono ringhiando di non confondere la Verità con il divertimento, la Serietà con la futilità. Ma basta pensare che la comunicazione umana, anche quella scientifica, riveste il proprio nocciolo duro di guaine e fodere ridondanti, ludiche, relazionali, che spesso sono più importanti e significative di quel nucleo, nucleo che a volte si fatica persino a rintracciare.

E le nostre descrizioni sono lussureggianti: l'immagine del mondo, o di una sua parte, risulta sempre dall'uso interconnesso di linguaggi diversi: formale, narrativo, astratto, simbolico, descrittivo... Ma risulta soprattutto dal florido e germogliante linguaggio della narrazione: l'immagine che portiamo dentro di noi di una città, di un'epoca, di un territorio non è solo intramata di piazze, torri merlate, rossi campanili e candide fontane; ma è anche intessuta di letture di romanzi, di poesie e di racconti, colorita di quadri contemplati, screziata di musiche ascoltate e di dialoghi uditi (all'imbrunire) nei giardini, nei vicoli, negli orti suburbani. Così la "mia" Ferrara non si esaurisce nella puntuale rappresentazione della sua pianta o nel catalogo affollato e multicolore dei miei ricordi che si dispiegano come una fisarmonica di cartoline in una lanterna magica vibratile e sfocata: ci sono anche le pagine di Giorgio Bassani (ah, quanto amore per te, Micòl Finzi-Contini), gli zampilli sonori di Gerolamo Frescobaldi, l'epopea del Mulino del Po, i versi del Tasso e dell'Ariosto, gli affreschi di Dosso e di Cosmè Tura, i profumi di arrosto e di *caplàz cun la zuca* che vanno a mezzodì per le stradine oscure del ghetto[8]...

Dietro le opere d'arte e narrative, dietro il velo oscuro del loro dire e mostrare apparente, c'è un significato ulteriore che rimanda alla condizione umana, al dinamismo simbolico, alla florida superfetazione di significati mutevoli. Questo brulicare che (si) mostra e (si) nasconde si oppone alla costante rimozione di ambiguità e d'incertezza di cui si fa propugnatrice la scienza, armata di regole, codici, norme: ma questa tenace opposizione operata dalla letteratura, che produce incertezza e ambiguità, può generare smarrimento e angoscia. Invece la fulgida nettezza e la precisione della scienza, ammesso che tali siano, dànno sicurezza.

La riduzione (o traduzione) del mondo a razionalità computante (o del percettibile a formulabile), l'eliminazione dell'"errore" consistente nell'eccesso di mondo non traducibile in descrizione linguistica sono forme di *rimozione*: ma, si sa, la traduzione è un processo sempre destinato al fallimento parziale. Perciò la nostra angoscia da eccesso è ineliminabile. Meglio accettare la metafora, l'intuizione, il sogno e riconoscere che sono forme valide di conoscenza, piuttosto che adagiare il reale sul letto di Procuste del quadro logico-teorico, mutilandolo di componenti essenziali o inzeppandolo di puntelli in vista di un'improbabile coerenza adamantina. In questo modo si recupera una visione più umana della verità: i linguaggi che rappresentano il mondo ce ne offrono sempre un quadro parziale, mutevole, interattivo. I linguaggi stessi sono strumenti misti, impuri, meticciati, ibridi e opportunistici.

Effetti di complessità

Oggi anche la scienza, scoprendo l'ineludibile *complessità* dei fenomeni, sembra voler recuperare le forme classiche della narrazione, l'ambivalenza, l'inconciliabilità e la pluralità irriducibile delle descrizioni. Insomma, pare che oggi la contrapposizione tra resoconto scientifico e narrazione si attenui e si ricomponga in una sorta di unità. Negli ultimi decenni, infatti, la scienza è stata oggetto di una trasformazione che dalle certezze dogmatiche di un tempo la sta portando a una visione più cauta e articolata. La fede nel riduzionismo, nell'oggettività e nella reversibilità cede alla sensazione che indeterminazione e caso non siano trascurabili sbavature di un quadro in sé nitido, che aspetterebbe solo di essere disvelato, ma siano invece caratteri intrinseci della realtà conoscibile.

In fisica si scoprono fenomeni e si formulano teorie che sembrano preludere a un abbandono del tranquillo sogno meccanicistico di Laplace, animato solo dal ticchettio dei pendoli e dall'orbitare dei pianeti, e che ci obbligano a riconoscere che l'incertezza, il caso, l'irreversibilità sono caratteri intrinseci della realtà fenomenica e non illusorie distorsioni dovute alla nostra limitatezza. L'ordine, la regolarità e il determinismo, che sembravano la norma, sono invece ideali inattingibili, introdotti dalle nostre semplificazioni.

Si assiste oggi a un recupero della dimensione storica e della colorazione affettiva. Si comincia a capire meglio quanto un tempo s'intuiva confusamente, cioè che i prodotti del pensiero, artistici quanto filosofici e scientifici, nascono spesso nella forgia avvampata dell'immaginazione, nel fondo germinale del sogno, nel nucleo originario dell'intuizione pura, cioè dietro le quinte del teatro della coscienza, e il risultato può essere un romanzo o un quartetto d'archi, ma anche una scoperta scientifica o un'innovazione tecnica capaci di trasformare la nostra descrizione del mondo o la nostra azione in esso.

E in ambito scientifico questo recupero della dimensione storica, immaginativa e affettiva si accompagna a un recupero della *narrazione*. Al discorso unilineare, rigoroso e consequenziale che nel corso del tempo è diventato tipico della scienza, e che dalla scienza ha cominciato a estendersi ad altre discipline simboliche e linguistiche, soggiogate dai successi della fisica, oggi comincia ad affiancarsi il discorso polivalente e articolato, che non rifiuta l'ambiguità, ma ne trae alimento e ricchezza. C'è dunque, nella scienza, dopo un lunghissimo declino, una rivalutazione del sapere narrativo e del mito, che prelude forse a una rinascita dell'empatia e a un recupero del *senso* (non si dimentichi che questo recupero è stato consentito anche dal progresso degli *strumenti* d'indagine e di calcolo).

Per esempio, la cosmologia affronta, con gli acuminati strumenti della fisica teorica, la nascita e l'evoluzione dell'universo, un evento unico e irripetibile, costituito da un seguito di contingenze che la storia ha trasformato in necessità. In questo senso i cosmologi riscrivono oggi il grande libro della *Genesi*, dunque narrano una storia. E in questa narrazione non sono da sottovalutare gli apporti di quello che Jung chiamò inconscio collettivo, deposito vivente e magmatico di leggende, miti, nostalgie, folgorazioni, presagi, necessità, slanci e tribolazioni. Ma anche l'evoluzione biologica è un seguito di contingenze, un intreccio di caso e necessità, che si è depositato negli archivi della storia come evento unico e irripetibile: e ne nasce un altro grande racconto. Un tempo la scienza cercava solo le grandi regolarità, le leggi universali e assolute e trascurava gli eventi singoli: oggi la situazione è cambiata e le singolarità storiche stanno riacquistando la loro importanza in quanto generatrici di novità, apportatrici di informazione, risolutrici di ambiguità e di simmetrie.

A questo cambiamento di prospettiva hanno contribuito sia i "paradossi" della meccanica quantistica, che tanta importanza attribuiscono all'osservatore, sia la scoperta del mondo dell'informazione, della mente e del significato, sia, più di recente, l'impetuoso sviluppo della cosiddetta "scienza della complessità". Lo studio della complessità ha addirittura prodotto una vera e propria rivoluzione epistemologica, poiché ha sostituito alla ricerca dell'unico "vero" punto di vista descrittivo una pluralità di impostazioni e di prospettive tra loro articolate e integrate. E queste descrizioni sono compiute da un soggetto di conoscenza, che vi porta dunque tutta la sua individualità storica, culturale e strumentale, privilegiando certe particolari "finestre di comprensibilità" e certe interpretazioni, piuttosto che altre. L'immagine unitaria di qualunque oggetto dell'esperienza ci appare quindi come una *costruzione* mentale da cui non è possibile estromettere l'osservatore. Questa concezione costruttivista dell'epistemologia comporta una profonda modifica del rapporto tra oggetto e soggetto della conoscenza, e contribuisce a un ritorno della storia.

Nella concezione costruttivista che si va delineando, la scienza non è più vista solo come immagine di una realtà da rispecchiare fedelmente, ma anche come riflesso dell'uomo nella sua inestirpabile interazione con la natura: e non dell'astratto ricercatore, intercambiabile con ogni altro, bensì di ogni singolo uomo, individuo preciso, storico, determinato dalla società e dalla cultura in cui è immerso. Non più, o non solo, dunque una scoperta progressiva del segreto del mondo, bensì una scoperta progressiva e parallela del sé, e quindi anche un tentativo di dare al mondo e al sé-nel-mondo un *senso*, recuperando all'impresa scientifica uno spessore culturale ed esistenziale che la riscatti dall'appiattimento legato alla dicotomia astorica del vero e del falso.

Ci si rende conto che la realtà è troppo complessa per sopportare descrizioni semplici: i tentativi di escluderne l'osservatore e di purificare troppo i fenomeni spesso naufragano contro l'insignificanza dei risultati ottenuti. La molteplicità delle descrizioni e dei punti di vista, che pareva un deprecabile difetto epistemologico e metodologico, oggi si rivela, insomma, non solo come l'unica strategia descrittiva, ma addirittura come fonte di ricchezza interpretativa e di significato esistenziale. Moltiplicare i linguaggi e gli strumenti, le impostazioni e i percorsi significa sostituire alla ricerca di una congetturale unità del mondo e del metodo, esprimibile in sequenze lineari, una *rete* intramata di assonanze e di analogie, che sempre più si rivela come il vero fondamento costitutivo dei saperi e delle culture e l'unico che può restituire senso globale all'attività di ricerca scientifica.

Una delle conseguenze più cospicue di questo mutamento epistemologico è la comparsa dell'*ambiguità*, e proprio in ambiti da cui pareva che la si dovesse e la si potesse via via estromettere. Anche senza uscire dalla fisica classica, in particolare senza entrare nel dominio della meccanica quantistica, ci si può render conto infatti che la molteplicità dei livelli di descrizione e la loro reciproca irriducibilità comportano la presenza di profonde ambiguità che riguardano, per esempio, la natura del tempo, la strutturazione della realtà percepita e le nostre interpretazioni del mondo. E anche queste ambiguità sono di natura mutevole, storica, perciò si trasformano alla luce del progresso scientifico e della riflessione filosofica. In più, la risoluzione di un'ambiguità ne fa di solito scaturire di nuove e più profonde, a livelli inattesi e talora sorprendenti (Appendice A).

L'essenza della complessità sta forse nell'irriducibilità reciproca dei vari punti e livelli di osservazione e di descrizione ai quali si offre il fenomeno. Queste descrizioni possono essere tra loro complementari, a volte addirittura contraddittorie, e quasi mai si possono riassumere e condensare in un'unica descrizione "vera", che ne accolga alcune e ne rifiuti altre. Anche gli scopi del soggetto conoscitivo sono importanti nell'individuazione della descrizione più adeguata (non "più vera"). Come in fisica quantistica, le risposte che si ottengono dipendono (anche) dalle domande che si pongono[9].

Questa irriducibile ambiguità e questo relativismo inducono ad assumere una posizione epistemologica cauta, attenta alla molteplicità e consapevole della perdita di un centro, cioè di un luogo esterno, alto e privilegiato, da cui esaminare la realtà per elaborarne una sintesi ricompositiva che ne fornirebbe l'immagine "vera". Questo luogo alto, questo punto di vista archimedeo, non esiste.

Di fronte a ciò non si può non provare una struggente nostalgia: abbiamo perduto un bene prezioso, un luogo d'osservazione assoluto da cui la vista spaziava e il mondo ci appariva uno. La rinuncia a questa unità ci lascia orfani e la frammentazione del mondo costituisce una conseguenza dolorosa della nostra emancipazione culturale. Il progresso scientifico ci ha relegato in un angolo del grande universo di cui credevamo di occupare il cuore. E il senso di smarrimento è tipico di chi troppo si è allontanato dai suoi viottoli consueti.

Il relativismo segna, sotto il profilo sia epistemologico sia etico, una fase adulta e sofferta, nella quale si è pronti a discutere, criticare e anche abbandonare ogni posizione raggiunta, ogni solidità conquistata. Contrapponendosi all'assolutismo, che nella sua tragica monoliticità imperturbata è anche fonte di sicurezza, il relativismo scalza la fede nella verità e porta a quell'atteggiamento "laico" che sotto il profilo epistemologico aspira a travalicare ogni limite e a superare ogni traguardo e sotto il profilo etico si contrappone, corrodendola, a ogni regola morale che si presenti come oggettiva, naturale, quindi assoluta e indiscutibile, in quanto riconducibile a un'istanza *metafisica*. Forse è proprio la metafisica l'opposto del relativismo, poiché si è sempre ammantata di dogmatismo e di certezza irrefutabile. Ma rinunciando all'assoluto metafisico, fonte di ogni altro assoluto, il relativista si condanna all'infelicità: non esistono laici giulivi e pimpanti, e la gaiezza irridente di alcuni scanzonati relativisti è una maschera tragica e un po' indecente, che ostentano per compensazione, ma di cui farebbero volentieri a meno se la loro onestà fosse davvero assoluta e disumana. Come dicevano gli antichi, *scientia auget dolorem*, ma una volta giunti alla conoscenza non si può ridivenire ignoranti. È un altro doloroso artiglio che l'irreversibilità del tempo e della vita conficca nella nostra carne.

Le conseguenze del relativismo non sono dunque soltanto epistemologiche, ma anche esistenziali. Infatti si fa strada una concezione globale e dinamica della vita, di cui il corpo (o l'unità inscindibile di mente e corpo) che narra e che si narra è il protagonista: ma non isolato nella sua statica contrapposizione a un'immutabile realtà esterna, bensì immerso nel contesto di perturbazioni e interazioni grazie alle quali esso stesso contribuisce di continuo a costruire e a modificare la cosiddetta realtà. E, attenuandosi la pesante ipoteca della metafisica, si recupera il legame indissolubile tra l'esperienza di una storia (o di una passione o di un sentimento o di un pensiero) e il protagonista della storia (il "titolare" della passione o del pensiero): grazie a questo legame (che, in fondo, è la base del *senso*), l'astrazione cede il posto all'osservazione e non si parla più del "dolore", ma del "mio dolore", che è diverso dal "tuo dolore" perché la mia e la tua individualità (storia, sensibilità e via elencando) non possono in alcun modo coincidere e quindi autorizzare, se non in prima grossolana approssimazione, quelle astrazioni che, se sono utili a un certo tipo di *descrizione* scientifica, non ci aiutano molto nella *comprensione* dell'esistenza. Si recupera il contesto della scoperta.

E questa comprensione, sempre inseguita e sempre mancata, a volte balenante per attimi e subito oscurata dal tentativo stesso di afferrarla, è legata alla comprensione del corpo. Il fatto banale e clamoroso che si nasca, si viva, si generi e si muoia con il corpo, nel corpo e per il corpo è, per l'intelligenza riflessa, un mistero abissale e tremendo: è forse la terribilità di questo mistero che ci spinge a esorcizzarlo in tutti i modi, inventandoci un mondo razionale, placato, immerso in una luce scialitica, dove non giungano gli inquieti marosi della corporeità e dell'esistenza. Ma il corpo non cessa per questo di esistere e di reclamare con forza la nostra attenzione:

> Tutto avviene nel corpo, con il corpo e per il corpo, si nasce e si muore con il corpo, con il corpo si soffre e si patisce e si gode, la vita si genera con un atto rapido del corpo, il corpo agisce per mantenere sé stesso a un livello sufficiente di organizzazione e di metabolismo, il corpo è un mistero immanente e ricorsivo immerso in un altro e più vasto mistero immanente e ricorsivo che è l'ambiente biologico. Che le cose più importanti, l'amore, la vita, il nutrimento, la morte avvengano per e nel corpo aggiunge mistero al mistero dell'esistenza.
>
> *L'acrobata*

Tempo e spazio rivisitati

*Forse quando usciremo dallo spazio e dal tempo ci conosceremo
tanto intimamente tutti che sarà quella la via alla sincerità [...]
Morirà finalmente la letteratura che fa purtroppo tanta intima
parte del nostro animo e ci vedremo tutti, fino in fondo.
Prospettiva macabra.*

Italo Svevo

Il recupero del corpo, della contingenza, della storia, degli eventi singoli impone un riesame di alcuni concetti basilari, in particolare di quelle che Kant aveva chiamato "categorie a priori." Queste categorie, in cui s'inscrive tutto ciò che l'uomo (come ogni altro organismo) può conoscere (e, aggiungo, fare), sono categorie di origine fisico-biologica, perché sono basate sulla nostra fisiologia e sull'interazione coevolutiva con l'ambiente in cui questa fisiologia si è sviluppata e raffinata. I determinanti chimico-fisici dell'ambiente (la carica dell'elettrone, la massa del protone, l'abbondanza relativa degli elementi, la forza di gravità...) si sono inscritti nel corpo e sono compendiati nella sua struttura e nelle sue funzioni: così le caratteristiche dell'ambiente condizionano la nostra costituzione e le nostre attività, le quali a loro volta costituiscono quei filtri di ogni esperienza (e di ogni azione) che nel loro complesso sono a fondamento dell'epistemologia (che è inseparabile dalla prassi). In questo senso le categorie sono a priori per l'individuo, che le eredita, ma a posteriori per la specie, che se le costruisce.

Osserviamo di passaggio che se la tecnologia è un'estensione del corpo, anch'essa si trascrive nelle categorie a priori e concorre a condizionarle e a modificarle poiché, al pari degli strumenti corporei, anche quelli tecnologici contribuiscono a conoscere e a modificare l'ambiente, noi stessi e la nostra interazione col mondo. Se questa visione è corretta, le categorie a priori non sono date una volta per tutte, ma, come la fisiologia e la tecnologia, sono un prodotto della storia e sono suscettibili di modificazioni evolutive proprio perché sono in un rapporto d'interazione con gli strumenti in senso lato, ereditati per via biologica o costruiti dall'uomo.

Consideriamo in particolare due di queste categorie, il tempo (di cui abbiamo già parlato a lungo) e lo spazio. Per quanto riguarda il *tempo*, la nostra esperienza quotidiana e la nostra parabola di vita ci mettono di fronte a una sostanziale irreversibilità, a un continuo divenire, le cui conseguenze, come la vecchiaia e la morte, sono spesso tragiche e irrimediabili.

Al contrario, la fisica classica ha privilegiato il concetto di un tempo geometrico reversibile, che nel suo trascorrere non cambia veramente le cose. La crescente matematizzazione ha portato a concepire la realtà come un'esplicitazione deterministica di condizioni iniziali attraverso equazioni che esprimono immutabili leggi naturali, per cui tutto è deciso fin dall'inizio: ciò che accade non è che un indefinito dispiegarsi di relazioni atemporali e quindi non accade veramente. Il tempo della fisica è reversibile, indifferente e addirittura "negato". Scrisse Einstein: "Per noi che crediamo nella fisica, la divisione tra passato, presente e futuro ha solo il valore di un'ostinata illusione". E Boltzmann: "Noi guardiamo al carattere irreversibile del tempo come a una semplice apparenza, dovuta al punto di vista ristretto e particolare entro il quale ci troviamo".

Quest'ambivalenza del concetto di tempo è ben rappresentata dal comune orologio che portiamo al polso: sul quadrante le sfere scandiscono un tempo uguale, uniforme e ripetitivo, che in realtà non scorre, ma si riavvolge su sé stesso impedendoci di distinguere le ore nove di un certo giorno dalle ore nove di un certo altro giorno; ma l'oggetto materiale che chiamiamo orologio è a sua volta immerso nel flusso di un altro tempo, il tempo irreversibile, e la sua superficie è via via segnata dalle tracce che questo inesorabile scorrere vi deposita senza sosta: graffi, macchie, tacche, le piccole ferite del tempo rapinoso.

L'ambivalenza del tempo è diventata ancora più acuta da quando si è trasferita all'interno della scienza. Infatti alcune discipline, come la biologia, la geologia, la termodinamica e la cosmologia, si sono affiancate alla nostra percezione soggettiva per suffragare la nozione di irreversibilità temporale. La pervicace negazione della "freccia del tempo" da parte dei fisici appare quindi oggi a molti scienziati difficile da giustificare: se il tempo fosse un'illusione alimentata dalla nostra finitezza, non solo le scienze del divenire sarebbero vuote e irreali, ma anche la nostra esperienza quotidiana sarebbe mera apparenza.

Per superare l'ostacolo bisogna sottoporre a nuova tensione definitoria alcuni concetti scientifici, in particolare il concetto di legge di natura, alla luce del mutamento concettuale introdotto dalla complessità, in particolare dai fenomeni dell'instabilità dinamica, o, con termine più espressivo e divulgato, del *caos*. Si è infatti scoperto che, lungi dall'essere pura fonte di disordine e di imprevedibilità, il caos ha anche carattere costruttivo e obbedisce a regole di tipo nuovo, che abbracciano la probabilità e l'irreversibilità e che quindi si possono chiamare "leggi di natura" solo a patto di ampliare il concetto stesso di legge. La nuova scienza che così si profila non parlerebbe più solo di leggi prescrittive ma anche di eventi possibili, unici e irripetibili, e non sarebbe più costretta a negare l'insorgere del nuovo e i fenomeni creativi (compresi quelli della mente umana) in nome di un'indefinita ripetizione sempre uguale a sé stessa.

Gli eventi, generatori della storia e immersi nel suo flusso, sono prodotti dalle biforcazioni che incessantemente si presentano nella realtà microscopica e macroscopica. Ora, se tra una biforcazione e l'altra l'evoluzione dei fenomeni può essere più o meno deterministica, le biforcazioni sono rette nei loro esiti da distribuzioni di probabilità. Non è la nostra ignoranza dei meccanismi soggiacenti e inaccessibili della realtà, sottolinea ad esempio Prigogine, a introdurre l'irreversibilità nel quadro della natura, ma è l'instabilità intrinseca della maggior parte dei fenomeni. Secondo Prigogine, l'instabilità compare già a livello elementare, cioè microscopico, dall'instabilità scaturisce la probabilità e da questa, a sua volta, l'irreversibilità, cioè la rottura di quella simmetria temporale tra passato e futuro così cara alla fisica classica. Se lo scorrere del tempo (e quindi la storia) fosse un'illusione dovuta alla nostra limitatezza, alle nostre capacità ristrette, allora quel grandioso e intricato processo storico-evolutivo che è la vita sarebbe un frutto paradossale e illusorio della nostra ignoranza. In particolare la scienza fisica, che vuol tendere alla conoscenza veritiera, sarebbe un prodotto di questa ignoranza, perché essa ha pur sempre bisogno di esseri viventi per essere formulata. Nel quadro classico fornito dalla fisica non accade mai nulla di nuovo, quindi non può nascere neppure la fisica[10].

Oggi, insomma, ci si rende conto che instabilità e caos rappresentano le condizioni normali, e non eccezionali, della realtà e che sono le nostre semplificazioni a fornirci l'immagine di un mondo ordinato e deterministico, soggetto a ferree leggi immutabili. Le leggi esprimono non certezze bensì ambiti di possibilità: le leggi della fisica, tutte le leggi, sono di natura statistica. Queste leggi sono *proscrittive* e non *prescrittive*, nel senso che non prescrivono ciò che deve accadere, ma indicano ambiti di possibilità e quindi proscrivono ciò che non può accadere. L'universo non è affatto un automa in cui non c'è posto per la mente e per la sua creatività innovatrice, bensì un grande e complesso evento storico, dunque irripetibile, intriso di innovazioni e di invenzioni. Se Laplace avesse inserito nel suo universo meccanico anche sé stesso, non avrebbe potuto enunciare la sua tesi: oggi siamo in grado di percepire con chiarezza ciò che a lui certo sfuggiva, cioè che dal quadro non si può espungere l'osservatore, altrimenti si fornisce della realtà un modello affatto inadeguato, anzi fuorviante.

L'altra categoria fondamentale, e in apparenza meno problematica, è lo *spazio*. È diffusa l'impressione che lo spazio sia un contenitore dentro il quale si possono collocare gli oggetti, dagli oceani alle matite. In questo senso, l'universo sarebbe il contenitore totale. A ben guardare, il concetto di universo è ambiguo: con questo termine si può intendere sia l'insieme di tutto ciò che esiste (stelle, pianeti, uomini e case) sia lo spazio vuoto totale, entro il quale tutto può essere collocato. Nella seconda accezione, questo spazio, come ogni spazio parziale, verrebbe prima di tutto ciò che poi andrà a occuparlo: collocare un oggetto è possibile solo in quanto esiste già uno spazio che può ospitarlo. Lo spazio dunque, a livello di intuizione primaria, viene prima degli oggetti che lo occupano: dunque si colloca in un tempo dove hanno senso il prima e il dopo.

In realtà, come illustra molto bene il caso del teatro (Appendice C), lo spazio nasce dalla, e con la, presenza degli oggetti e dei personaggi e si modifica con i loro movimenti e spostamenti. Lo spazio esiste in quanto è tra A e B: quindi postula l'esistenza di A e B, i quali a loro volta postulano lo spazio che li deve ospitare, in una sorta di richiamo involutorio che presuppone un prima e un dopo che si rincorrono.

Già quest'osservazione ci fa intuire che tempo e spazio non sono categorie indipendenti, e non solo nel senso specificato formalmente dalla teoria della relatività. Essi sono legati tra loro anche nella vita ordinaria, per il tramite del soggetto. In primo luogo perché, come abbiamo già accennato, il soggetto, evolvendosi (sia nella filogenesi sia nell'ontogenesi), ha sviluppato entrambe queste categorie simultaneamente, fondendole con le altre categorie in un unico grande quadro di riferimento da cui è difficile e artificioso voler ritagliare le singole componenti. Inoltre spazio e tempo sono connessi nella fisiologia individuale di ciascun soggetto.

Essi sono infatti legati dal soggetto e nel soggetto tramite quella pratica, tanto comune da essere inconsapevole, che è la *scansione*: per esempio, gli occhi possono vedere ciò che vedono nello spazio, in quanto sono animati da un impercettibile movimento continuo (micronistagmo), che consente l'esplorazione delle scene (altri animali, per esempio la rana, dotati di fisiologia diversa, vedono solo gli oggetti in movimento, perché i loro occhi non sono animati dal micronistagmo: la rana acchiappa solo le mosche che volano, poiché non vede quelle ferme). L'esplorazione della scena (o, in alternativa, il movimento di parti della scena) trasforma la distribuzione spaziale dell'informazione in una distribuzione temporale (sequenziale). Allo stesso modo, la puntina del giradischi, scorrendo sui solchi, trasforma le loro variazioni spaziali in modulazioni temporali, che vengono convogliate all'orecchio in una successione sonora seriale. Per il tramite della scansione, le caratteristiche dello spazio si collegano quindi a quelle del tempo e viceversa. Ma c'è di più: come tenteremo di argomentare nel prossimo paragrafo, spazio e tempo sono tra loro legati nella coscienza del soggetto.

Lo spazio nella narrazione

Domandiamoci ora: come vanno le cose nella narrazione? Farò riferimento, com'è inevitabile, alla mia esperienza personale, e ricorrerò a citazioni da opere narrative mie. Non solo per narcisismo, ma perché sono persuaso, come ho cercato di argomentare, che la narrazione esprima meglio del discorso saggistico certi concetti, idee, sensazioni (Longo 2001). E subito devo aggiungere che si entra qui in un terreno molto vago e forse infido, quello dei contenuti della coscienza individuale. Il fenomeno della coscienza, nonostante la sua vividezza soggettiva, non ha uno statuto scientifico: è un mondo elusivo, in cui la penombra effimera e tenace delle nostre esperienze più personali s'intreccia con l'immagine della vasta natura che ci circonda e che a ogni istante minaccia di sommergere questo nostro più intimo io. Nonostante la privatezza di quest'esperienza, l'attribuiamo senza esitazione anche ai nostri congeneri e alcuni sono disposti a concedere una certa coscienza o autoconsapevolezza anche ad altre specie animali, per quanto l'assenza di linguaggio non consenta sondaggi molto convincenti (il legame tra coscienza e linguaggio è innegabile, tanto che alcuni sostengono che, almeno in prima approssimazione, ciò di cui siamo coscienti coincide con ciò di cui possiamo parlare, ma la natura di questo rapporto è molto problematica).

Pur trattandosi di un fenomeno innegabile e importante, la coscienza è da molti considerata un tema estraneo alla ricerca scientifica e vagamente sospetto, se non addirittura pericoloso: infatti alla dovizia delle descrizioni introspettive dei soggetti coscienti e delle riflessioni verbali prodotte nel corso dei secoli dalla riflessione filosofica e dalla letteratura fa riscontro una singolare povertà di spiegazioni "oggettive", di tipo scientifico. La coscienza sembra costituire l'ultimo baluardo di facoltà insondabili, addirittura misteriose, e di stati soggettivi non misurabili. La diffidenza per questi temi può trovare la sua origine nella rimozione, risalente a Galileo, della mente dalla natura. Per secoli è stata eliminata dalla scienza ogni traccia di sensazioni e percezioni: il linguaggio delle teorie scientifiche tende a essere asettico, rigoroso e lontano dal magma soggettivo delle narrazioni dei fatti quotidiani. Per la fisica questa "trasparenza dell'osservatore" è stata feconda di risultati, ma quando, verso la metà dell'Ottocento, si sentì la necessità di dare anche alla biologia, e poi alla psicologia, uno statuto scientifico, si pose in modo ineludibile il problema se gli strumenti scientifici tradizionali, così pudibondi nei confronti della mente, fossero sufficienti.

Basandomi dunque sulla mia esperienza personale e sull'introspezione, mi sembra di poter sostenere che lo spazio, come il tempo, e in ultima analisi come il racconto tutto, nascono via via che la narrazione procede: nel racconto non esiste uno spazio vuoto che preceda la collocazione in esso dei personaggi. In particolare, come nel teatro, lo spazio nasce insieme con i personaggi e con le loro azioni: dunque non si può concepire lo spazio prima che i personaggi lo abitino. Una difficoltà che presenta questo punto di vista per così dire simultaneo è che, data la natura della scrittura, che è lineare, la storia viene narrata in modo sequenziale e quindi ha un prima e un dopo. Ma si tratta di una difficoltà solo apparente. Come un brano musicale, il racconto è un tutto, anche se viene presentato un po' alla volta, e solo quando è tutto presente alla nostra coscienza il racconto è tale. Ciò accade anche per le scene, come si è detto, dove l'informazione spaziale, simultanea e globale, per essere acquisita viene di necessità trasformata dalla scansione in un'informazione sequenziale, ma poi nella nostra mente si ricompone in un'unità compiuta: il quadro, il panorama, il volto. L'unica differenza è quantitativa: la velocità della scansione visiva di una scena è in genere molto alta rispetto alla velocità di lettura e, inoltre, la scena può essere scandita in modo arbitrario (almeno in apparenza, perché esistono centri focali più importanti e consolidati dall'abitudine che subordinano a sé l'ordine della scansione), mentre la lettura deve avvenire più o meno nell'ordine sequenziale.

Anche la psicologia è importante: nel racconto lo spazio, al pari del tempo, della vicenda e dei personaggi, diventa un fenomeno affettivo legato alla coscienza e alle emozioni: esso perde la sua rigidità geometrica, la sua staticità e passività per diventare aperto, fluido, comprimibile e dilatabile. Le sue varie parti non sono intercambiabili, come avviene nei modelli matematici dello spazio che riflettono la nostra rappresentazione riflessa e astratta di questa categoria: filtrato dalla coscienza, interagendo con tutto il resto della vicenda, colorandosi di emozioni e di affetti, lo spazio diviene anisotropo, disomogeneo, variabile nel tempo.

Lo stesso accade al tempo, che cessa di avere i caratteri astratti di un parametro lineare che fluisce con velocità costante, per assumere caratteristiche di variabilità, di reversibilità e di disomogeneità che ne fanno qualcosa di molto simile allo spazio della narrazione. Insomma tempo e spazio, nel racconto, sono interni al narratore (e al lettore, che è anch'egli una sorta di narratore) e, interagendo con la sua coscienza, variano in tutte le loro dimensioni caratteristiche.

La lunga narrazione è organizzata in modo ciclico e si dispone intorno a periodici centri o nodi da cui procede per circoli concentrici che interagiscono tra loro in modo complicato. L'interpretazione di questa struttura e la sua risonanza soggettiva cambiano a seconda del punto in cui si trova il lettore e a seconda di certe trasformazioni di variabile compiute surrettiziamente dall'autore in alcuni momenti. [...] A tratti la struttura, la vicenda e anche il linguaggio si addensano in modo straordinario, come accade nei punti singolari di certe funzioni matematiche in cui l'infinito piano complesso si concentra in un'immagine angusta ma perfetta. In questi gangli della narrazione ogni lettore può cogliere, in misura diversa a seconda della sua penetrazione, l'essenza di tutta l'opera, il suo sviluppo ulteriore e le premesse non esplicitate (ma vedremo le difficoltà di questo accesso). L'intensità comunicativa è tale, in questi passi, che se ne prova uno smarrimento, anzi un vago malessere, come a toccare un'intimità troppo profonda. [...] Come un delicato e complesso organismo che viva pienamente solo nel rapporto armonioso tra le sue varie parti, il romanzo ha riacquistato in questo modo la sua fisionomia originale, insospettata e straordinaria. Non si può più parlare di inizio o di fine della narrazione: ogni passo è in certa misura il centro dell'intero racconto e tutto rotea intorno a tutto. [...] Gli slanci lirici e descrittivi, scintillanti come inverosimili costellazioni canicolari, sono incastonati nel ferreo giuoco delle corrispondenze e si affacciano in primo piano o si ritraggono sullo sfondo a seconda della distanza che il lettore riesce a stabilire tra sé e il racconto (ma è lo stesso autore, in qualche maniera incomprensibile, a regolare questa distanza).

Il romanzo circolare (da "Il fuoco completo")

Si consideri che prima di essere narrato il racconto non c'è: esso nasce insieme con le parole che lo narrano e insieme a esso nascono i suoi personaggi, il suo tempo e il suo spazio. Anche la cosmologia, in certe sue versioni, afferma che prima del *big bang* non c'era né tempo né spazio e che sia stato quell'evento singolare e traumatico a far nascere entrambi.

Tempo, spazio, personaggi e oggetti del racconto hanno insomma una nascita simultanea e subiscono una coevoluzione organica, profondamente intrisa della nostra coscienza e delle nostre esperienze. Ogni racconto si scava la propria strada (o vita o nicchia o solco), formandosi tramite un processo di cui non è tanto importante l'esito quanto lo sviluppo, anzi in cui l'esito coincide con lo sviluppo. E questo percorso e sviluppo portano alla comparsa di qualcosa che prima non esisteva, neppure nella mente del narratore, se non come fantasma intermittente e sfocato. La sorpresa del narratore di fronte alla propria creatura, uscita dalle pieghe del possibile per diventare attuale, è pari alla sorpresa del genitore di fronte al figlio che si dispiega. Nel racconto come nel figlio c'è una potenzialità di autonomia che si scontra con l'idea tradizionale di progetto. Il racconto progettato non è il racconto finito (come per l'architetto l'edificio progettato non è l'edificio costruito): si può chiamare racconto solo il racconto scritto nella sua stesura definitiva, e la distanza tra progetto e attuazione è sempre immensa, anzi incommensurabile. Questa distanza deriva – anche – da tutto il peso, da tutto il condizionamento dell'incarnazione verbale, con le sue regole sintattiche cui non possiamo sfuggire. Noi usiamo le parole, ma ne siamo anche usati: le parole ci parlano, ci portano dove vogliono loro.

– La lingua ci parla, caro Pausler – disse.

– Che cosa intende dire?

– Lei certo conosce qualche lingua straniera, no?

– So il tedesco – disse Pausler con un certo orgoglio.

– Allora avrà notato anche Lei che quando si parla una lingua straniera si cambia, si cambia dentro. Non solo diciamo le cose in modo diverso, ma diciamo addirittura cose che nella nostra lingua non avremmo mai detto. Lo spirito della lingua non è un modo di dire. C'è, e ci possiede. Ci fa cambiare personalità. Chissà come cambiavano Farkas o Kühlmorgen quando parlavano in italiano e chissà com'erano invece in realtà, nel loro più intimo io.

– Come il dàimon di Socrate – disse Pausler sorridendo.

– Sì, siamo posseduti dalla lingua, dalla cultura in cui siamo immersi. Pensi alla distanza abissale che ci separa dagli altri popoli, per esempio da quelli che parlano il cinese o l'ebraico.

La gerarchia di Ackermann

Perché la materia verbale in cui incarniamo le nostre idee, i nostri concetti, le nostre creature astratte, possiede una sua struttura, che la rende pesante, che le conferisce un'inerzia, che si oppone, ci guida e ci condiziona. Ecco perché la struttura ideale del racconto pensato, interagendo con la struttura materiale del supporto, tramuta e fornisce esiti imprevedibili. Il supporto, con la sua struttura o grammatica, guida e condiziona la nostra creatura mentale ed emotiva. Così lo svolgimento del racconto non si basa solo sulla concatenazione delle idee o degli eventi o dei concetti, ma anche sul richiamo delle parole. Basta un suono, un'immagine, un ritmo ed ecco generarsi un altro suono, un'altra immagine, un altro ritmo: per associazione, per contrasto, per analogia. Ecco nascere, svilupparsi ed embricarsi i vari piani del racconto: la trama, la sintassi, la semantica, il lessico, il suono, l'immagine. Ecco perché il racconto va letto e ascoltato ad alta voce: perché emerga e risuoni anche la musica del suo supporto materiale, la parola.

Il racconto procede nell'alternanza di due regimi: quello creativo, o selettivo, in cui tra le diverse possibilità di sviluppo ne viene scelta una, che indirizza la narrazione su una certa strada, escludendo le alternative non seguite; e quello semiautomatico, in cui la narrazione procede per la strada scelta senza molte innovazioni, seguendo in modo più o meno meccanico e poco flessibile le regole sintattiche della lingua, le assonanze e le simmetrie. È come se le fasi semiautomatiche servissero da collegamento tra i successivi momenti creativi, nei quali accadono veramente le cose e si presentano le sorprese. Se i momenti creativi si infittiscono, l'originalità aumenta, ma oltre un certo limite il tasso d'innovazione rischia di soverchiare le capacità del lettore: allora, perché l'opera venga accettata, si richiede un tempo di assimilazione, personale o sociale, che può durare anche molti anni.

La scelta operata tra le varie possibilità in questi punti di diramazione dipende da fattori difficili da ponderare, talvolta contingenti (magari legati all'attività del momento o agli eventi della giornata dello scrittore), a volte inconsapevoli se non addirittura inconsci, ed è in questi snodi che la narrazione presenta i suoi guizzi, è in questi nodi che si avverte lo scrittore di razza. E ciò non vale solo per lo sviluppo della trama, ma anche per l'invenzione linguistica o associativa. Le alternative scelte nei punti di decisione sopravvivono, le altre scompaiono: forse restano in una sorta di limbo dove giacciono tutte le trame, tutti i racconti non nati (*ubi non nata iacent*, come dice Lucrezio). Tutto ciò ricorda la teoria dei molti mondi della meccanica quantistica.

– Forse – riprese Marcus soprappensiero – forse però questa teoria dei tanti mondi è vera, e ciascuno di noi ad ogni istante si divide in due, in tre, si moltiplica, e ciascuno di questi esseri, parziali ma completi, s'illude di essere unico e si comporta come se fosse l'unico e il suo mondo fosse l'unico. E, forse, c'è un luogo a noi inaccessibile, dove qualcuno tien conto puntigliosamente di tutti i tutti di tutti, e li segue e li controlla e veglia sulle loro continue moltiplicazioni, e per questo essere non esiste più il caso; perché il caso sta proprio qui, a livello di queste cieche diramazioni; per quell'essere inaccessibile, tutto è necessario e ovvio e determinato. Come se fosse Dio.

Enrico taceva, pensava a un albero immenso, pieno di rami e di foglie che continuamente proliferassero e si vedeva, di fronte a questa grande e ramificata creatura, contarne le foglie, che erano di un verde cupo e brillante come di metallo brunito e nascevano l'una dall'altra in un fantastico dispiegamento lanceolato. E per quanto l'albero immenso sempre più sfaccettandosi s'ingrandisse, pure riusciva a dominarlo tutto senza fatica e i suoi occhi vedevano tutto allo stesso tempo e gli pareva di sedere in quel luogo dominante e inaccessibile donde si potevano seguire i destini innumerevoli degli uomini e delle donne e dei gatti, degli atomi e delle particelle di questo e di tutti gli altri infiniti mondi.

Di alcune orme sopra la neve

Lo spazio del racconto può anche uscire dalla consapevolezza privata, essere oggettivato e diventare tema di una riflessione analitica: ma questo distanziamento, paradossalmente, ne svela tutta la relatività rispetto all'osservatore.

– Chissà – riprese Marcus – il Centro potrebbe essere una metafora... Ma ho l'impressione che esso sia una metafora ben precisa, quella di un labirinto. Il labirinto è dominabile dall'esterno, ma non dall'interno. Per l'architetto che lo ha concepito esso è una costruzione complessa, ma finita, mentre per il prigioniero che vi si aggira senza mappa e senza punti di riferimento esso è veramente infinito. Incute spavento, ispira l'orrore della ripetitività demenziale e allucinata. D'altra parte chi penetra nel labirinto, per curiosità, per caso, per temerità o per castigo, è spinto all'esplorazione completa: il labirinto non può essere percorso se non per intero, la ricognizione dev'essere esauriente, totale: altrimenti non se ne può uscire. Questo, in fondo, è il vero pericolo dei labirinti, non tanto la possibilità di smarrirvisi. Anzi, il vero smarrimento è questa perlustrazione compiuta e definitiva: prima che essa termini, all'esploratore possono infatti accadere molte cose, può imbattersi nella malattia, può fare un incontro straziante o incomprensibile, può restare affascinato da una chimera, o da un lontano cortile dove una donna lava... Del resto, l'Amministratore te l'ha detto che chi esplora il Centro non può arrestarsi prima di giungere al muretto di cinta... e forse neppure lì.

Di alcune orme sopra la neve

Questa relatività ci fa intuire come non esista uno spazio assoluto: lo spazio è sempre riferito a un osservatore, è commisurato ai suoi scopi e alle sue facoltà percettive e mentali, alla sua coscienza, al suo stato affettivo. La relatività rispetto all'osservatore non coinvolge solo lo spazio, ma tutta la realtà percepita. È come se la realtà (irraggiungibile) fosse un fondo magmatico, oscuro, baluginante, indifferenziato (quello che Gregory Bateson ha chiamato *Pleroma*), dal quale ci ritagliamo, a seconda dei nostri scopi, gli oggetti, gli eventi, i processi, i personaggi, le categorie. Questo fondo è la matrice di tutte le possibili storie e di tutte le realtà parziali. La realtà, in questo senso, è una realtà *virtuale*, cioè potenziale, un immenso, inesauribile ipertesto dal quale facciamo scaturire di volta in volta i nostri ipertesti parziali, le vicende che narriamo, incarnandole nelle parole o in altro materiale da ricostruzione. Da questo ipertesto potenziale, opportunamente sollecitato, può scaturire tutto (come disse Paul Valéry, aspettando un tempo infinito può accadere qualunque cosa). Dalla sua indefinita potenzialità possiamo far nascere qualsiasi attuazione. Ad alcune di queste attuazioni concediamo uno statuto di realtà più solida e concreta, grazie al meccanismo dell'abitudine, cioè della facilitazione prodotta dall'uso frequente. Le attuazioni più frequenti si rinforzano e ci si presentano con il vigore di una realtà esterna, e a questi ectoplasmi, pur sempre fantasmatici e virtuali, ci affezioniamo, come ci affezioniamo a certe storie che ci narriamo più spesso delle altre (le teorie scientifiche, le filastrocche, il modo di vedere un edificio, il viso della persona amata...). A questi ectoplasmi meno effimeri corrispondono probabilmente configurazioni neuronali più stabili. In ogni caso la realtà è lontanissima, irraggiungibile.

Ecco un esempio di come lo spazio si possa costruire, insieme coi personaggi e in funzione dei loro scopi, con un'operazione che non può che essere organica. Si osservi come le descrizioni dello spazio (del paesaggio) non siano interpunzioni o interruzioni esornative in un tessuto narrativo diverso, che riguarda le vicende dei personaggi, ma siano sempre funzione e riflesso delle loro esigenze, stati d'animo, pensieri, ricordi. Anche i personaggi secondari sono omogenei con lo (al servizio dello) stato d'animo dell'io narrante.

Per un po' camminiamo in silenzio guardando il lago, il cielo chiuso e il bosco che nereggia sulla sinistra. Fra i tronchi ci sono ancora chiazze di neve tutta bucherellata. Del resto, dico, se fui crudele nel mio primo tradimento verso mia moglie, ciò fu dovuto a una banale distrazione più che a un atto deliberato, ma subito Dita mi ricorda che in queste cose non esistono distrazioni o dimenticanze, ma solo volontà nascoste che si prolungano negli atti quotidiani e li determinano e se uno ci sta attento e si ricorda dei sogni, ecco che nei sogni queste volontà nascoste affiorano, sia pure sotto mentite spoglie, e ci fanno capire l'intima struttura del nostro tessuto di desideri, di pretese, di pulsioni, come adesso comincia a spiegarmi con una terminologia più tecnica, mentre sulla riva melmosa del lago, sempre animato da quelle piccole onde frequenti color pece, alcuni soldati sbucati da chissà dove si mettono a varare una minuscola imbarcazione a motore e vi salgono in quattro o cinque. Fatto sta comunque che quello fu il modo peggiore di consumare il tradimento, lo stesso modo che lei (mia moglie) adottò anni dopo nei miei confronti, forse per un calcolo meditato ma inconsapevole, come sa farne l'inconscio, ammesso poi che questo inconscio in qualche modo esista e sappia fare i calcoli. E con questo dubbio riprendo ad ascoltare i discorsi un po' irritanti di Dita, irritanti soprattutto quando mi parla della vecchiaia, e si riferisce sempre alla mia vecchiaia e basta che io le dica che la sera prima ho avuto difficoltà ad addormentarmi che subito parla di insomnia senilis e cose di questo genere, che non dovrebbero infastidirmi perché so che parlando della mia vecchiaia lei cerca solo di rendersi più sopportabile la sua. Chissà perché le donne pensano tanto alla vecchiaia e a un certo punto della vita cominciano a parlare solo dei loro mali e acciacchi e dolori e così via, mia madre per esempio da anni non parla d'altro.

Intanto i soldati, varata la piccola imbarcazione a motore, cercano di spingerla un po' al largo, e si prendono in faccia tutti quegli spruzzi gelidi sollevati dal vento, mentre dalla riva un ufficiale grida degli ordini rauchi. Ma si vede che è tutto un gioco, i soldati ridono e scuotono la testa, l'ufficiale smette di urlare e si limita a guardare la scena, rigido, irritato, con le mani sui fianchi. E nell'acqua color piombo c'è ancora un ricordo residuale del grigio venato ghiaccio che l'ha ricoperta fino a qualche settimana fa sotto quel basso cielo obliquo teso grigioscuro di nuvole striate. Allora per darle qualche altro elemento comincio a parlare dei primi tempi del mio matrimonio, ma lei (Dita) continua a farmi delle domande, interrompendo il filo dei miei pensieri e costringendomi a ricominciare sempre da un punto diverso, e dalle mie risposte sbagliate si fa un'idea sbagliata della situazione, per cui mia moglie, poverina, è stata da me rovinata e questo, pur essendo vero da un certo punto di vista, tuttavia mi esaspera in quanto significa che non sono stato capace di dare, della storia, un resoconto a me favorevole, o per lo meno neutro, perché anch'io, in fondo, sono stato rovinato da quel matrimonio e da mia moglie.

Rumpelzimmer (da "La camera d'ascolto")

Ecco un altro esempio di commistione quasi inestricabile tra paesaggio, intuizione di verità esistenziali e particolari in apparenza futili, ma in realtà legati in modo sotterraneo a tutto il resto:

Allora è come una giornata di settembre sul Carso, splendida di colore nel cielo, quando due donne, camminando lentamente, passano dal sole all'ombra violetta di una casa e sembra che una luce nel mondo si spenga, e per un attimo si afferra il significato di qualcosa, di un brandello sia pur piccolo della vita, soprattutto se una delle due donne ha i capelli rossi.

L'acrobata

Naturalmente anche il tempo è soggetto a questa dinamica di elasticità e di coevoluzione. Si veda, per esempio, come il tempo viene trattato in questo brano, dove addirittura si adombra un paradosso che potrebbe nascere dalla linearità e dall'irreversibilità temporale, mentre all'interno del racconto il paradosso diventa così naturale da essere accettato con la fatalità e la naturalezza degli eventi esistenziali.

Lei certo mi aveva mentito fin dall'inizio, inconsapevolmente, già nella vinárna di Mála Strana, forse perché io di ungherese allora non capivo niente e lei niente d'inglese e così dovevamo parlare in tedesco, e questo influiva non solo sul nostro modo di dire le cose, ma anche sulle cose che dicevamo. Ma il suo mentirmi non riguardava tanto la lingua che usava e le cose che mi diceva quanto le cose che non mi diceva, insomma la prima volta che c'incontrammo molte cose non me le disse, non mi parlò ad esempio delle sue figlie e di suo marito, e di ciò che voleva da me e del nostro futuro d'incontri e di passione. Insomma non mi disse nulla delle cose importanti, e non è una giustificazione che molte di quelle cose in quel momento lei non le sapesse perché ancora non erano accadute: se me le avesse raccontate, forse uscendo dalla vinárna mi sarei comportato diversamente. Ma allora quelle cose non sarebbero accadute e come si vede il problema non è di facile soluzione, anzi rischia di aprirsi a paradossi logici e temporali a non finire. Ed è forse per la presenza di questi paradossi che la vita è così complicata e difficile, e il tempo, che sembra scorrere in una direzione ben determinata, invece va e viene continuamente tra passato e presente.

Non c'è quindi da stupirsi che io, non essendo informato di ciò che sarebbe accaduto e dell'importanza che da lì a qualche tempo quella donna avrebbe assunto per me, subito dopo il primo incontro la trascurassi un po' e stessi con mia moglie e mio figlio, nonostante il dolore che mi stavo preparando. Una dose massiccia di dolore, buona per molti anni a venire.

Rumpelzimmer (da "La camera d'ascolto")

Tempo, spazio, immagini, metafore, personaggi, affetti e stati di coscienza si fondono nel brano seguente, che si presenta come un magma profondamente intessuto di caso e necessità.

Il velo oscuro: scienza e narrazione

Questo ricordo gli fece capire che tutti vengono prima o poi segnati dalla vita e che il complesso di queste rosse cicatrici sulla superficie della nostra anima si chiama il destino. Nessuno porta intatta la propria anima fino alla fine: gli urti con la vita e con l'anima degli altri producono lacerazioni e piaghe che guastano via via l'immacolata compattezza primigenia e col tempo la loro trama finissima e complicata viene a costituire l'epidermide nuova, ogni giorno mutevole, dell'anima. In ciò che gli era accaduto, nella sua disgrazia, com'egli la chiamava, non c'era dunque nulla di speciale: la disgrazia era toccata a De Santis molti anni prima che a lui, e certo anche la bellissima Margherita aveva sperimentato o avrebbe dovuto prima o poi sperimentare qualche pena analoga, che avrebbe lasciato nella sua anima una traccia profonda, e quella traccia si sarebbe scorta anche dopo che avesse smesso di sanguinare. E nel dormiveglia Enrico vide le anime di tutti allineate davanti a sé in una schiera innumerevole, bianche e lisce come mandorle sgusciate, e tra queste anime così ugualmente candide e tese non si distinguevano quelle delle donne da quelle degli uomini, quelle dei buoni da quelle dei cattivi, quelle dei geni da quelle degli idioti, e tutte esalavano un lieve sentore di mandorla, come un sospiro commosso e silente... e tutte si coprivano a poco a poco di un reticolo di segni rossi come staffilate, di cicatrici, di ulcere sottili dolenti, e piangevano, destando la pietà e l'affetto di altre anime, quelle dei genitori, dei figli, degli amanti, che pure a loro volta avevano sperimentato o avrebbero dovuto sperimentare quello strazio.

E poi, davanti a quella moltitudine di anime tutte ugualmente segnate, così uguali che per quanto si sforzasse non riusciva a individuare né la sua, quell'anima che tanto in quel momento gli doleva, né quella di De Santis, che pure avrebbe dovuto recare qualche contrassegno particolare, che indicasse come le sue cicatrici gli fossero state procurate dall'amore per la Margherita, né quella di lei che, forse, almeno una minuscola cicatrice a forma di lacrima avrebbe dovuto mostrare, piccolo segno di dolore per quell'altro più grande dolore che involontariamente aveva causato e non aveva potuto alleviare; davanti a quella distesa di anime nude sotto il suo sguardo, Enrico capì che quell'indistinguibilità era, in fondo, la loro caratteristica più unica e preziosa: non aveva nessuna importanza quale anima dovesse sopportare una particolare offesa, ciò che contava era che quell'offesa venisse o non venisse portata a qualche anima. Che la sua disgrazia fosse capitata proprio a lui non contava: ciò che contava era che la disgrazia fosse capitata, così com'era capitato, ai tempi del ginnasio, che qualcuno si fosse innamorato di Margherita Pagliarini e avesse consumato per anni in quella vampa tutte le sue forze, tutto sé stesso. C'era una profonda equivalenza fra le anime e l'indistinguibilità di quelle mandorle martoriate rispecchiava proprio quella fondamentale indifferenza del mondo, nel suo perpetuo farsi e disfarsi, verso il destino del singolo. Di chi fosse in particolare quel destino non importava: bastava che qualcuno rispondesse alla chiamata e che quel destino si consumasse nella carne e nel cuore di qualcuno.

Di alcune orme sopra la neve

Lo spazio può diventare anche oggetto di metafora: ma forse lo spazio è un metafora, o almeno alcuni spazi lo sono.

Le sue riflessioni furono interrotte da Marcus:
– Ma anche questa, forse, non è altro che una metafora. In fondo noi parliamo solo per metafore, ogni nostro discorso è un'allusione, un rinvio più o meno esplicito a un altro discorso, che a sua volta rinvia ad altro... Si crea così una catena interminabile di metafore: un'estremità è in ciò che diciamo, ma l'altra si perde nella notte del tempo e nelle profondità dello spazio. E ci si può anche chiedere se questa indefinita catena di metafore sia a sua volta una metafora, oppure sia, finalmente, un'altra cosa. A volte penso che l'insieme di tutte le metafore sia Dio... Cioè Dio non è la metafora di prima, quella dell'essere che vede tutte le diramazioni nello stesso istante, è qualcosa che trascende questa metafora e tutte le altre metafore... Solo che non sappiamo se, a sua volta, sia una metafora...
E il Centro, rifletteva intanto Enrico, non è forse anche il Centro una metafora, e quindi la sua mappa la metafora di una metafora?... E dove si trovava la realtà solida e permanente su cui erano basate tutte quelle metafore ammucchiate l'una sull'altra, dov'era insomma il significato del Centro? Ma forse tale significato non esisteva e quella torre stratifica-

ta di metafore ondeggiava sospesa nel vuoto, come un castello di carte che non poggi da nessuna parte.

– Le metafore... – disse poi ad alta voce – Sa, professore, qualche volta ho l'impressione che il Centro dove lavoro io sia una metafora...

Di alcune orme sopra la neve

Ma se lo spazio è una metafora, di che cosa è metafora?

La causalità

Ai più interessa un omicidio o un suicidio, ma è ugualmente interessante, se non di più, anche l'intuizione e quindi il racconto di un qualsiasi misterioso atto nostro; come potrebbe essere quello, per esempio, di un uomo che a un certo punto della sua strada si sofferma per raccogliere un sasso che vede e poi prosegue la sua passeggiata

Federigo Tozzi

Per concludere il capitolo, accenniamo a un'altra categoria fondamentale, la causalità. Nella ricostruzione del mondo operata dalla scienza, la causalità, cioè il rapporto causa-effetto, ha un'importanza estrema. A accade perché B l'ha causato e a sua volta A causa C, mentre B è stato causato da D: sicché il mondo degli eventi è percorso da catene causali lunghissime (infinite?), i cui estremi si perdono nelle profondità del passato e negli abissi del futuro. A volte alcune di questa catene si toccano, s'intrecciano e ne nasce una riverberazione che si può propagare lungo la trama degli eventi complicandola, facendola sussultare per un tratto più o meno lungo e rendendo difficile se non impossibile l'analisi delle cause e la ricognizione degli effetti. La semplicità lineare del rapporto causa-effetto si trasforma allora in un garbuglio, intervengono le retroazioni, molte cause concorrono a produrre un unico effetto, un'unica causa provoca molti effetti, e via complicando. Al di là delle semplificazioni di comodo, questa è la situazione di gran lunga più frequente.

Il romanziere è in una situazione di maggior libertà rispetto al fisico: quest'ultimo deve ricostruire una catena causale senza contraddire i dati sperimentali e senza violare le regole della logica e del metalinguaggio che usa. Il romanziere, invece, *costruisce* le catene causali che costituiscono il racconto, quindi è più libero: tuttavia anche la narrazione deve presentare una sua coerenza, che non può essere violata senza conseguenze. Anche il romanzo obbedisce a una sua razionalità: il tal personaggio si è comportato in quel modo perché prima è accaduto questo fatto e a sua volta quel comportamento ha *determinato* questa conseguenza specifica. E così via. Ma questo limpido resoconto dei fatti viene spesso inquinato da un'infiltrazione inspiegabile. A volte i personaggi agiscono in base a motivazioni oscure, oppure si comportano in modo arbitrario rispetto a ogni ragionevole aspettativa. Il rapporto di causa-effetto è violato senza che di questa violazione si possano intuire le ragioni, senza cioè che la violazione obbedisca a regole che la farebbero rientrare nell'alveo della razionalità rendendola accettabile. Di questa a-causalità, che si oppone a tutta una precedente tradizione narrativa di stampo illuministico (per esempio Goethe), Milan Kundera fornisce un esempio significativo, chiedendosi perché Anna Karenina si uccida. Non ci sono ragioni chiare e cogenti che il lettore possa indicare. Dice Kundera:

Anna non è andata alla stazione per uccidersi. È andata a prendere Vronskij. Si butta sotto il treno senza aver preso la decisione di farlo. È piuttosto la decisione ad aver preso Anna. Ad averla sorpresa. [...] Anna agisce a causa di un impulso inaspettato. Il che non significa che il suo gesto sia privo di senso. Soltanto, questo senso si trova al di là della causalità afferrabile dalla ragione. (Kundera 1988)

Di fronte a questo "mistero insondabile dell'animo umano" (che non si manifesta solo nei romanzi, ma è tipico della vita vissuta, da cui l'importanza del romanzo per conoscere la vita), di fronte a questo mistero la scienza non si arresta e tenta di indagarlo e di ricondurlo alle sue spiegazioni. Si tratta, in fondo, del problema del *libero arbitrio*, nel cui dominio si possono collocare anche gli impulsi inaspettati e i capricci estemporanei (più difficile sarebbe attribuire questa capricciosità al termine inglese corrispondente, *free will*, che sembra associato a un volontarismo che, pur essen-

112

do libero, sembra adeguarsi meglio al principio di causalità). Il libero arbitrio viene negato da molti scienziati cognitivi, che riconducono ogni azione umana all'influsso di cause precise, anche se inconsapevoli. Anna Karenina non lo sa, ma quando si getta sotto il treno non agisce in base a un impulso improvviso e incontrollabile, come lei crede (ma forse lei non crede nulla) e noi con lei, bensì in base a cause precise benché ignote. Ma non è certo il caso di addentrarci in questa discussione. Ci basti dire che la linearità causale non ha pieno diritto di cittadinanza nel romanzo, dove si ritrova quel certo che di impuro, irrazionale, impulsivo, onirico di cui sentiamo la presenza in tanti momenti della nostra vita.

NOTE

1 Poi, naturalmente, c'è il problema della morte: la devastante consapevolezza della fine c'impedirebbe di vivere se non fosse in qualche modo esorcizzata, e uno dei modi tradizionali per tenere in scacco questa paralisi del cuore e della mente è quello di narrarci storie per prolungare la nostra presenza nel mondo con una prospettiva di trascendenza, per costruirci la speranza di un aldilà, per illuderci di una sopravvivenza sia pure parziale, di un rinvio, sia pur provvisorio. C'è insomma, nel raccontare, un afflato numinoso che trasforma il narratore, agli occhi del suo pubblico, in un officiante. Il racconto opera una sospensione sacrale della vita vissuta per sostituirle brandelli e frammenti verbali che in un certo senso rinviano l'evento terminale. Come dice Emilio Rossi: "L'intrattenimento verbale come argine a solitudine, perdita, baratro oscuro. Se no, perché mai, bambini, prima di sprofondare nel sonno e così varcare una soglia d'ignoto, tanto ci era cara la fiaba?" (Rossi 2001). E quest'accenno alla notte, al buio vasto e sussurrante, rinvia al momento più adatto al racconto: immaginiamo l'orda preistorica raccolta intorno al fuoco, ricordiamo i racconti fatti davanti al caminetto per evocare e insieme esorcizzare i fantasmi, i lemuri inquieti e minacciosi che sentiamo aleggiare nell'oscurità circostante, che preme da ogni parte l'alveolo illuminato che ci ospita e difende.

2 L'incantesimo, la vera e propria fascinazione che esercita sugli umani il racconto è l'esplicito corrispettivo verbale (ma che coinvolge tutta la persona) del bisogno di assoluto di cui parla George Steiner, della fame mai appagata di trascendente (Steiner 2000). Questa magia movimentata e dinamica della narrazione segna la vittoria del lieve e giocoso (ma anche tremendo) *Divenire* eracliteo rispetto alla staticità monumentale e minacciosa dell'*Essere* parmenideo. Se, come scrisse Ernst Bloch, "dà gioia già il fatto che qualcosa succede", allora si può apprezzare quanta gioia dia il rispecchiamento ri-creativo dell'accaduto nelle parole dette e ascoltate. E Heidegger: "L'essere vorrebbe incontrare costantemente qualcosa di nuovo nel suo presente". Questa brama di novità riguarda la storia, il divenire, il racconto: non riguarda invece la scienza nella sua ricerca di leggi assolute e universali.

3 Non vorrei dare l'impressione che la memoria sia una facoltà o attività solo *mentale*. In realtà è tutta la persona, immersa nell'ambiente, che pensa e che ricorda, esplicando un'interazione complessa e dinamica tra le sue parti e con il mondo: "io" sono l'unione integrata della mia mente e del mio corpo, della mia razionalità e dei miei sentimenti. E questa totalità è profondamente intessuta con il *tempo*. Il corpo, inseparabile da mente, tempo e mondo, è memoria vissuta degli eventi, che sono dunque inscritti nel corpo: il legame tra corpo e tempo è inscindibile, costitutivo. Come dice Alberto Giovanni Biuso, "il tempo è percezione del corpo che avviene dentro il corpo [...] La memoria è il tempo stesso dell'uomo, il tempo umano intriso di memoria." E per quanto riguarda il *senso*: "La mente è l'unione di corporeità, autocoscienza, memoria, temporalità rivolta alla comprensione dell'io nel mondo. La mente è nel tempo incarnato, situato, cosciente di sé, intenzionale e pervaso di significati. *La mente è l'autocoscienza del grumo di tempo fattosi corpo nell'umano.* La mente è dunque la consapevolezza che il corpo ha di essere immerso nel tempo" (Biuso 2005). E il tempo è il luogo deputato della narrazione e della storia.

4 Quando Erodoto, considerato il padre della storia, inaugura il racconto dei "fatti", propone anche un metodo esemplare in cui la rievocazione-ricostruzione si alterna e s'intreccia con la narrazione-affabulazione. Così nasce il racconto storico, che propone in termini pratici l'alternativa tra resoconto e finzione, tra memoria e invenzione. Alternativa quanto mai problematica: rispetto al passato più antico la distinzione fra dato, elaborazione e interpretazione è resa difficile dalla trasfigurazione operata dal tempo, dalla riflessione storica precedente, dalla dinamica socioculturale; quanto al passato più prossimo, la carica emotiva, le risonanze ideologiche e le passioni politiche impediscono spesso una ricostruzione che volesse essere solo documentaria e oggettiva. L'Illuminismo ha privilegiato una storiografia basata sulle testimonianze concrete (testi, monumenti e così via), cercando di annullare l'apporto creativo dello storico. Oggi si tende a rivalutare il racconto e a considerare la Storia come un insieme di storie. Non si tratta di indicare nella narrazione uno strumento migliore di quello documentario-concettuale né, tanto meno, unico: si tratta di affiancare questo strumento all'altro. Si vuole recuperare la contingenza, che è la cifra più autentica della vita e della storia, rifiutando l'annullamento programmatico della novità, dell'imprevedibile e dell'inaudito, in nome della necessità di stampo hegeliano, che compatta la storia in un'unità granitica regolata da leggi universali e assolute come quelle (asseritamente) della fisica. La posizione totalitaria della storiografia teorica atrofizza l'apporto dei saperi dal basso, essenziali per recuperare il *senso* della storia, un senso mai dato del tutto, sempre emendabile, negoziabile, dinamico (Guaraldo 2003, Rossi 2001).

5 È vero che per la cosmologia manca la possibilità della "falsificazione", ma la discussione di questo punto ci porterebbe lontano; mi limito a dire che la questione della falsificazione è – sotto il profilo della teoria dell'informazione – di una banalità sconfortante: i fatti poco probabili, per esempio la confutazione di una teoria largamente accettata, portano molta informazione, mentre quelli molto probabili, come la conferma di una teoria largamente accettata, forniscono pochissima informazione: ecco perché la falsificazione (o meglio confutazione) sarebbe più importante della verifica. Che poi una teoria che non sia (almeno in linea di principio) falsificabile non sia scientifica, è questione di definizione, dunque è arbitrario. Torniamo al rapporto tra scienza e narrazione. La distinzione non va tracciata tra queste due forme, bensì fra tipi diversi di narrazione, diversi anche per esiti e intenti. Infatti le narrazioni del second'ordine della fisica ci consentono (entro certi limiti) di fare delle previsioni, mentre in genere le narrazioni del prim'ordine no, anche perché non è questo il loro scopo. La cosmologia vorrebbe fare previsioni, dato che per consenso generale è una scienza, ma non ci riesce molto bene perché in fondo è una narrazione del prim'ordine. Lo conferma il fatto che esistono più cosmologie, che però non sono state (ancora) sussunte in una cosmologia del second'ordine. Quindi esistono molte narrazioni dell'origine dell'universo, e molte della fine dell'universo.

6 L'oscurità tipica delle opere narrative è un interessante fenomeno di non-comunicazione che ha a che fare con la nozione di "sacro" secondo Gregory Bateson. In Bateson e Bateson 1989 si riportano alcuni esempi di situazioni il cui carattere sacro sarebbe distrutto dalla consapevolezza e dal finalismo cosciente. Riprendere una cerimonia religiosa con la telecamera potrebbe snaturarla e trasformarla in un'esperienza secolare o in una forma d'intrattenimento. Un esempio molto caro a Bateson è la *Ballata del Vecchio Marinaio* di Coleridge: una nave va alla deriva con i ponti pieni di cadaveri perché tutti gli uomini dell'equipaggio sono morti tranne uno, appunto il Vecchio Marinaio, il quale ha attirato la disgrazia sulla nave uccidendo un albatro. L'uccello morto gli si è appeso al collo e nonostante i suoi sforzi l'uomo non è più riuscito a liberarsene. Finché, giunto nei Mari del Sud, il marinaio contempla la meravigliosa danza notturna dei serpenti di mare e benedice *inconsapevolmente* quelle splendide creature. "In quel momento riuscii a pregare e dal mio collo liberato l'Albatro cadde e affondò come piombo nel mare". È l'inconsapevolezza che produce il miracolo che nessuna volontà aveva saputo operare: quindi è importante che il marinaio non definisca e neppure concepisca uno *scopo* della sua benedizione. La conoscenza, come ben sapevano i Greci, è pericolosa, in particolare la conoscenza dell'altro sesso. Atteone è dilaniato dai suoi cani, perché ha visto Artemide al bagno; Penteo è smembrato dalle Baccanti che ha osato spiare. Sono molte le circostanze in cui la consapevolezza è indesiderabile e il silenzio è d'oro. La segretezza è il *segno* che ci si sta avvicinando a un terreno sacro e pericoloso dove, per dirla con i versi di Alexander Pope, gli stolti si precipitano e gli angeli esitano a posare il piede. Emilio Rossi, riferendosi agli "oscuri giacimenti del vissuto umano non emerso a conoscenza", alla sterminata riserva del non detto, all'insondabile territorio del senza cronaca, scrive: "Se Dio svelasse tutti i segreti degli uomini il mondo non potrebbe sussistere [...] La visibilità totale è pretesa angelistica o obiettivo inquisitoriale giacobino" (Rossi 2001), e ciò ricorda la luciferina utopia orwelliana del controllo totale o l'agghiacciante *panopticon* di Bentham. Anche la matematica, regno della trasparenza e dell'esplicito, deve rinunciare, nonostante la speranza di Hilbert, alla completezza. O meglio, un sistema formale abbastanza potente non può essere al tempo stesso completo e coerente, come dimostrò Gödel nel 1931. Forse accade così anche per la lingua, che fallisce quando la si voglia impiegare per ottenere una rappresentazione completa e coerente del mondo. Questa impossibilità di chiusura riguarda a quanto pare tutte le rappresentazioni simboliche, in cui rimane sempre un che di non finito, un'apertura che rimanda ad altro. Ciò vale anche per il romanzo, in cui resta sempre qualcosa d'inspiegato, di non detto, di non dicibile: è forse questa parziale oscurità, congenita e irredimibile, che ci spinge a narrare e a narrarci senza sosta. Il silenzio è d'oro: custodisce segreti, vive in un mondo altro, appunto nel sacro, e questo sacro corteggiamo sempre con la parola, perché è lì che vorremmo giungere.

7 A proposito della conoscenza del corpo, trovo in Antonello 2005 questa citazione da *Furor Mathematicus* di Leonardo Sinisgalli: "Soltanto l'intelligenza del corpo può abolire anche il minimo ritardo di registrazione di tutta l'immensa vita dell'universo in sussulto". E ogni atto creativo è il fulmineo prodotto di una somma di calcoli involontari che si coordinano in un gesto: "Il poeta possiede in sommo grado quella che io chiamo l'intelligenza del corpo, che è una vera e propria qualità profetica. Tutti gli accidenti sono probabilmente voluti dal nostro corpo. Il sangue arriva in anticipo sul caso".

8 Il linguaggio narrativo è quanto mai duttile e acconcio a descrivere la floridezza del reale fenomenico. La narrazione si espande, non disdegna i particolari, moltiplica gli episodi che separano l'*incipit* dal finale, si compiace di tortuosità e rallentamenti e ridondanze in apparenza superflui, in realtà vitali, in ciò somigliando alla straripante ricchezza della natura vivente. In particolare per quanto riguarda la città, luogo davvero centrale dell'umano, vero e proprio crocicchio di attività, simboli, istanze, idee, sentimenti, febbricitazioni, le descrizioni tecniche si rivelano insufficienti a restituirne la ricchezza. La totalità urbana "è instabile e sfugge a qualunque descrizione. Questa, pur mirando verso ciò che vuole rappresentare, come un asintoto non lo raggiunge mai" (Schiavo 2004). L'osservatore deve ricorrere a linguaggi e scritture molteplici e in divenire, integrandoli in un vero e proprio "romanzo urbano" anche quando non si tratti di un romanzo nel senso stretto del termine. Ma sempre di una narrazione, in fondo, si tratta, in cui il quotidiano si manifesta con un'intensità primaria che non è raggiunta dal linguaggio saggistico o descrittivo. Insomma, in un'epoca che si apre all'ibridazione dei saperi e alla pluralità dei linguaggi e in cui la descrizione formalizzata rivela i propri limiti quando sia applicata a oggetti complessi, la narrazione riacquista tutta la sua importanza: una narrazione multipla e cooperativa, che coinvolga l'esperienza esistenziale e quindi le emozioni, l'etica, il corpo. La narrazione non pretende di giungere a verità definitive e universali, ma vuole fornirci verità provvisorie, frammentarie, polifoniche, animate da una tensione all'integrazione e da una volontà collaborativa. Soprattutto, la narrazione non pretende di sostituirsi alla razionalità nel suo operare e nei suoi risultati, ma vuole affiancarsi a essa per generare quella doppia visione di cui parlava Gregory Bateson. Il romanzo urbano privilegia la descrizione, il linguaggio tecnico privilegia la spiegazione e l'argomentazione e tende alla costituzione di un quadro coerente, che mal sopporta le eccezioni, che è ostile alle novità che non siano già in esso implicite. Il racconto non mira alla coerenza logica in senso stretto, non privilegia verità eterne e rigorosi rapporti di causalità, bensì relazioni tra eventi dotate di una loro plausibilità e suggestione, lavora per esempi e per intuizioni, dice e non dice, allude e non dimostra. Quindi si sottrae alla valutazione veritativa: a un romanzo non si applica il criterio del vero e del falso. "La stessa città appare diversa a seconda dello scrittore che la narra" (Schiavo 2004) e questa dipendenza è estranea al discorso scientifico. La città narrata, al pari di un organismo vivente, non può essere scomposta e ricomposta. La narrazione in genere è il luogo della conoscenza implicita, tacita, a volte inesprimibile e la narrazione di una città comprende anche le conoscenze interne ai protagonisti umani, le conoscenze legate ai loro slanci, esperienze, emozioni. Si tratta, come dice bene Flavia Schiavo, di un'eccedenza del conoscibile rispetto all'esprimibile, che ci rimanda all'indicibile (*Racconto e resoconto scientifico*, p. 61): ma questa nozione non appartiene al discorso scientifico, o meglio in esso l'eccedenza è destinata a sparire, perché tutto dovrà essere detto. E seguendo il suggerimento di Bateson è dall'integrazione-interazione (ma non con-fusione) dei due discorsi, narrazione e descrizione formale, che può scaturire un'immagine più ricca e articolata della città, colta nel suo dinamismo storico e progressivo.

9 In meccanica quantistica vi sono esperimenti che possono dare della realtà microscopica immagini diverse a seconda di come vengano impostati. Anche i questionari sono costruiti in modo da condizionare le risposte degli intervistati. Un esempio spassoso di risposta condizionata è dato dalla storiella dei due giovani monaci scozzesi cui piaceva fumare. Colti dal dubbio che il fumo non fosse compatibile con la preghiera, decisero di interpellare Roma separatamente. Dopo qualche tempo ricevettero risposta, e il primo annunciò all'altro, tutto contento, che la risposta gli era stata favorevole. Il secondo, mogio mogio, disse che lui invece aveva ricevuto risposta negativa. Allora il primo chiese:
– Ma che cosa avevi domandato?
– Se posso fumare mentre prego, e mi hanno risposto di no.
– Ma hai sbagliato domanda! Dovevi chiedere se puoi pregare mentre fumi!...

10 Questo paradosso ha a che fare con la separabilità tra soggetto e oggetto postulata dalla fisica classica. Se il soggetto fosse esterno al quadro, se potesse osservare il mondo da un punto all'infinito, senza quindi interferire con esso, se in particolare la sua comparsa a un dato istante potesse avvenire senza perturbare la realtà, allora ci sarebbero due mondi: quello studiato dal soggetto, di professione fisico, un mondo che ripercorre senza fine lo stesso cammino e dove non avverrebbe mai nulla di nuovo; e quello dove abita il soggetto, in cui c'è almeno una novità, la nascita del soggetto, perché sappiamo che il soggetto non è stato sempre presente. In questo secondo mondo dunque non varrebbero le stesse leggi che nel primo, perché queste non spiegano la novità. Ma il soggetto fa parte del mondo che studia, non ci sono due mondi separati, il mondo è uno: e non si può certo attribuire la nostra presenza nel mondo alla nostra ignoranza delle leggi ultime della fisica! Quindi la fisica deve poter contemplare la nascita del nuovo e deve rinunciare alla reversibilità forte.

La parola e la realtà

Noi non deviamo desiderare che la natura si accomodi a quello che parrebbe meglio disposto e ordinato da noi, ma conviene che noi accomodiamo l'intelletto nostro a quello che ella ha fatto, sicuri che tale essere l'ottimo e non altro
Galileo Galilei, *Lettera a Federico Cesi*, 1612

Parte Prima: Reale o virtuale?

La magia della parola

Barbara rifletté sul fatto che la realtà era troppo violenta per la poesia e su come la poesia, e la lingua stessa, brillassero d'impotenza al confronto con le persone vere e le loro esigenze
Joyce Carol Oates

La civiltà occidentale nasce e si sviluppa all'insegna della parola. "In principio era il Verbo e il Verbo era presso Dio e il Verbo era Dio", recita il Vangelo di Giovanni al suo primo inizio, mentre l'altra colonna su cui si basa la nostra cultura, la Grecia classica, assume come proprio fondamento il "Logos", il cui significato è molteplice, ma che certo indica anche la parola intesa come sviluppo argomentativo, svolgimento ordinato del ragionamento. Insomma, da un lato la potenza generatrice del Verbo, che nomina e distingue (viene alla mente il concetto batesoniano di *Creatura*, il mondo generato appunto dall'attività nominativa dell'uomo, Bateson 1976); dall'altro la capacità rappresentativa e ordinatrice del Logos, che sta alla base dell'indagine filosofica. La parola, tra le altre cose, sembra dotata di un'immensa capacità antientropica: con essa l'uomo è in grado di ri-costruire il mondo "dato", che è sempre eccessivo, sovraccarico di stimoli e perturbazioni, derivandone un mondo *ordinato*, a sua misura, dove abitare meglio. In tempi recenti, Carlo Emilio Gadda affermava di usare la parola della sua scrittura come utensile per imporre ordine a un mondo che gli sfuggiva da tutte le parti, e non importa se quest'impresa non gli riuscisse; anzi, la parola finiva con l'aumentare il disordine del mondo, ma il tentativo andava nella direzione opposta[1].

Con la parola dunque tentiamo di semplificare il mondo, conferendogli un ordine e un senso: tra gli innumerevoli fili che in esso s'intramano, correndo per tutto senza formare figure riconoscibili d'acchito, la parola ne sceglie alcuni, pochi, e quelli si sforza di seguire e integrare, foggiando significati e forme e corrispondenze. Due sono quindi le operazioni: la scelta, che è una semplificazione, e l'integrazione, che è un'aggiunta, fatta secondo un'idea o un progetto, a ciò che si è scelto, per dargli senso compiuto. Ma il progetto non esiste tutto prima: anzi, si forma *in itinere*, nell'assiduo avvicendarsi di costruzione e controllo, passo passo, mediante un piccolo cabotaggio che sa molto di *bricolage*. Il progetto suggerisce un passo, ma è anche condizionato e forse modificato dai passi compiuti in precedenza, da ciò che si è già costruito: l'interazione tra progetto e costruzione è dinamica e circolare, e solo con una forzatura unilaterale, che oggi è divenuta assai frequente, si pretende, secondo i dettami della progettazione razionale, centralizzata e gerarchica, che il progetto abbia primato assoluto sulla costruzione.

Ricostruire il mondo, sostituendo al mondo dato il mondo (o i mondi) artificiale, è utile al nostro benessere, all'equilibrio psicofisico, addirittura alla nostra sopravvivenza: senza questa ricostruzione saremmo sopraffatti dall'esuberanza degli stimoli e dall'insostenibile polisemia del reale. Non è il reale in sé, beninteso, che ci sopraffà, perché è inattingibile, ma il reale così come giunge a noi, già fortemente filtrato ed elaborato dai nostri sensi e dagli altri nostri strumenti: ma anche così filtrato e compresso è troppo ricco. E allora ci diamo a semplificare, ridurre e ricostruire, usando soprattutto il *logos*, la parola, sostegno e strumento della ragione. L'insopportabile complicatezza del mondo è riducibile solo con quell'operazione mentale (in realtà corpo-mentale, ma a noi, che viviamo o crediamo di vivere solo con la testa, sembra mentale pura) di riduzione e integrazione che è la ricostruzione verbale.

Ma perché la parola? Perché la parola ha una forza di suggestione immensa. Delle tre componenti in interazione feconda che sembra abbiano presieduto alla nascita di *homo sapiens* – il cervello, la mano e la parola – la parola è la più impressionante e suggestiva: all'inizio il cervello era invisibile e ci vollero secoli perché gli fossero attribuite caratteristiche mentali (a lungo fu considerato una specie di radiatore per il raffreddamento del corpo); la mano, peraltro, in un certo senso è troppo ovvia, come troppo ovvio è tutto il corpo, e quasi banale è considerata, a torto, la conoscenza associata al corpo. La parola, invece, ha del miracoloso: uscendo dal parlante viene raccolta e interpretata ("capita") dagli altri, provoca conseguenze, fa agire animali e persone. Possiede il potere *magico* di far accadere le cose. Questa impronta magica si ritrova anche in altre attività e in altri prodotti che escono dall'uomo, per esempio nelle pitture rupestri, ma la parola, in più, è dotazione ordinaria e condivisa, abita nella nostra psicofisiologia, ha bisogno solo degli interlocutori. La parola diviene intersoggettiva e tendenzialmente si oggettivizza, sta alla base della coesione e della collaborazione del gruppo e in seguito diviene il fondamento della costruzione sociale del sapere e del potere.

Molto più tardi, lo stesso carattere meraviglioso e convincente (magico) si manifesterà nella logica e in altre costruzioni di carattere simbolico. Tanto potente è la suggestione esercitata dalla logica, che essa fu considerata per secoli come l'insieme delle *leggi* non solo del discorso, ma addirittura *del pensiero* (fino a dettare il titolo del trattato di George Boole del 1854). Con la scoperta delle regole della logica si materia e si oggettiva qualcosa che prima la parola, non inquadrata in quelle regole, offriva in modo efficace, ma vago: il controllo da magico diventa sistematico, ripetibile: diremmo scientifico[2].

La logica dà sostrato di permanenza al fluire delle parole e dà ordine al caos. Lo stupore che si prova davanti alla logica deriva dalla sua efficacia, ma anche dalla sua natura di scoperta o di invenzione "artificiale": il corpo è altrettanto efficace, ma è dato, è naturale, è già lì, dunque è scontato. E poi tutti hanno un corpo, mentre non tutti eccellono nella logica. Ammiriamo la bravura del matematico, che scopre e dimostra teoremi, non altrettanto la bravura della persona media, che sa attraversare senza danni una strada piena di traffico. Eppure non si dà la prima bravura senza la seconda. Nella nostra civiltà è sempre accaduto che la scoperta delle capacità astratte, mentali, manifestate per via indiziaria dalla parola, abbia messo in ombra le capacità corporee. Solo in tempi recenti si è cominciato a sospettare che la matematica, la filosofia e via dicendo, abbiano bisogno del corpo e in esso trovino il loro fondamento primo. Si è cominciato a parlare di conoscenza o sapienza del corpo. E, anche, si è cominciato a capire che, quando pensano, gli umani non seguono esattamente le leggi della logica.

L'odissea del corpo

Fu un attimo, ma l'eternità. Vi sentii dentro tutto lo sgomento delle necessità cieche, delle cose che non si possono mutare: la prigione del tempo; il nascere ora, e non prima e non poi; il nome e il corpo che ci è dato; la catena delle cause; il seme gettato da quell'uomo: mio padre senza volerlo; il mio venire al mondo, da quel seme; involontario frutto di quell'uomo; legato a quel ramo; espresso da quelle radici

Luigi Pirandello

Barbara ebbe l'improvvisa e terribile convinzione che la lingua non avesse alcuna importanza e che nulla, in fin dei conti, importasse eccetto il corpo, il corpo umano e il corpo di altre creature e oggetti: che altro esisteva?

Joyce Carol Oates

Quanto al corpo, denigrato e disprezzato prima dalla civiltà greca, che fin da Platone aveva teorizzato la superiorità dell'anima e della mente sul suo corruttibile supporto, poi sogguardato con sospetto dal cristianesimo per la sua irresistibile propensione al peccato, infine considerato con sufficienza da Cartesio e da tutti i suoi figli e nipoti, oggi, infine, esso è esposto sulle bancarelle del mercato totale dove, squartato e spezzettato, diviene oggetto di curiosità spettacolare e di contrattazione commerciale.

Il corpo si trova in una situazione ambigua ed è al centro di forti contraddizioni. Da una parte viene rivalutato come arca d'intelligenza e di conoscenze implicite e primordiali, in opposizione alla mente disincarnata e troppo fragile vagheggiata dall'intelligenza artificiale funzionalistica, ma allo stesso tempo se ne ribadisce l'inferiorità, visto che la (ri)produzione del corpo viene considerata, come sempre e dovunque, gratuita e quasi banale. Da parte di medici e biologi, di ingegneri e tecnici, il corpo è teatro di una sperimentazione trasgressiva e amorale, che per alcuni ci sta portando verso un futuro vertiginoso di semidèi e che per altri, all'opposto, sconfina nella profanazione di ciò che abbiamo di più intimo e individuale. La gelosa conservazione del corpo, la difesa della sua integrità, la ricerca del suo benessere all'interno di un orizzonte temporale finito e armonico sembrano oggi cedere a sinistre pressioni eugenetiche, all'insegna di un'immortalità che non gli può appartenere e che spinge alla sua ibridazione tecnologica di stampo ciborganico[3].

Intorno al corpo si sviluppa un interesse quasi morboso, che si manifesta nella moda delle ginnastiche, dei massaggi, della cosmesi, della perforazione, della deformazione e della mutilazione. La cura maniacale e spesso aberrante del corpo, dal trucco alla depilazione alla chirurgia estetica, è un aspetto molto appariscente dell'artificiale e sostiene un imponente indotto commerciale. Tutto ciò si accompagna a un'irrimediabile svalutazione del "naturale", o meglio a una sua progressiva *confusione* con il tecnologico, che porta a integrare e, in prospettiva, a sostituire il corpo con le macchine, le vere depositarie dell'incorruttibilità, dell'olimpica serenità analgesica e, domani, forse, dell'immortalità. Il corpo diviene oggetto di sperimentazioni artistiche, diviene spettacolo e luogo di spettacolo, la sua anatomia, le sue funzioni, i suoi organi vengono disintegrati e osservati analiticamente nella prospettiva, di curarli, correggerli e modificarli, potenziandoli o sopprimendoli, in vista di un totale affrancamento dal retaggio bioevolutivo. Tutto ciò all'insegna di potenti spinte economiche e di mercato. Questo riduzionismo corporeo non deve stupire: dopo tanti secoli in cui si sono vagheggiate schiere di anime senza corpo, è naturale che oggi ci si trastulli con legioni di corpi senz'anima.

Come abbiamo visto nel secondo capitolo, il corpo è portatore di conoscenza, anzi di una conoscenza più ampia e profonda di quella consapevole che la scienza ha finora estrinsecato ed espresso in forma linguistica: il fatto che siano stati foggiati strumenti matematici capaci di formalizzare, sia pure senza il confortevole sostegno dell'intuizione, anche certe situazioni limite o "patologiche" rispetto alla normalità quotidiana (i paradossi della meccanica quantistica e i fenomeni caotici, che sempre più si rivelano onnipresenti in natura) può essere un segno che la nostra *struttura biologica* supera, quanto a capacità di comprensione inconsapevole, l'abilità di descrizione e interpretazione che finora siamo riusciti a esplicitare in forma afferrabile e razionale. In altre parole, la descrizione formalizzata di quei fenomeni, che sfuggono alla comprensione normale, potrebbe avere la sua scaturigine nel nostro corredo biologico, in una zona inaccessibile alla consapevolezza e alla razionalità esplicita.

Se le cose stanno così, chi o che cosa c'impedisce di pensare che anche gli strumenti che stiamo costruendo, quando superino un certo livello di complessità e di interazione comunicativa con gli esseri umani, siano in grado di (farci) compiere un balzo cognitivo? Di (farci) scoprire cioè qualcosa di radicalmente nuovo e originale nella natura oppure nel mondo artificiale che ci stiamo costruendo intorno e di (farci) attuare una svolta conoscitiva radicale? Questa svolta conforterebbe l'ipotesi che si stia profilando uno stadio evolutivo ulteriore dell'umanità, almeno sotto il profilo cognitivo. Questo nuovo stadio evolutivo consisterebbe nella formazione di una *creatura planetaria* risultante dall'integrazione di uomini e macchine "intelligenti" (Longo 1998). Di questa creatura planetaria Internet potrebbe essere il primo nucleo embrionale.

L'Occidente ha sempre considerato la mente (l'anima, lo spirito) superiore al corpo, fino a esprimersi nella stravagante affermazione di Cartesio "cogito ergo sum". Questo rapporto di subordinazione è lo stesso che esiste tra parola e realtà. Voglio qui proporre una citazione che devo a Lino Conti:

> Due sono i libri che Dio ci ha consegnato: il libro della totalità delle creature, ovvero il libro della natura, e il libro della Sacra Scrittura.

Viene subito alla mente Galileo e la sua affermazione che la natura è un libro scritto in caratteri matematici. La citazione è invece dal *Liber creaturarum* del catalano Ramon Sibiuda, rettore dell'Università di Tolosa nei primi decenni del Quattrocento, il quale predica l'indiscutibile superiorità del libro della natura rispetto a quello della Scrittura. Il libro della natura, afferma Sibiuda con un'arditezza che puzza di eresia, non è falsificabile, mentre la Scrittura, data all'uomo in un secondo tempo, può essere *interpretata* male. Anche Galileo ritiene che la natura sia

> inesorabile e immutabile e nulla curante che le sue recondite ragioni e modi di operare sieno o non sieno esposti alla capacità degli uomini

ma pensa a essa come a un vero e proprio testo, che va faticosamente decifrato per farne scaturire ciò che il senso comune non vi vede, cioè la struttura matematica.

La mappa non è il territorio

La mania della verità, propria di noi occidentali,
è in realtà un'afflizione
George Steiner, La nostalgia dell'assoluto

Nella visione di Galileo è evidente quanto ho sostenuto in più occasioni: che la nostra scienza è un lungo tentativo di tradurre il "libro" della natura in un libro di scrittura (da sostituire a quello della Sacra Scrittura). Ma questa traduzione non può riuscire, come non riesce nessuna impresa di traduzione, anche perché, nonostante la convinzione di Galileo, non sappiamo affatto in quale lingua sia scritto quel libro. Nessuno conosce il linguaggio della natura, anzi nessuno ha accesso alla natura, alla "cosa in sé": tra noi e le cose c'è sempre un *filtro creativo* (come lo chiamava Gregory Bateson), costituito dal nostro *mentecorpo*, cioè dai sensi e dalla cognizione, nel loro intreccio inestricabile, che ci restituisce sempre una mappa, più o meno elaborata, più o meno ricostruita, che è sì in lontana consonanza con qualcosa laggiù in fondo in fondo, ma che non ne è certo un rispecchiamento, come si è a lungo sostenuto. In buona misura, il mondo che chiamiamo "dato" è una nostra costruzione, o meglio una *con-costruzione*, una mutua e risonante eccitazione estetica (direi multimediale!) che s'invera nel momento dell'interazione tra noi e la realtà. Secondo Francisco Varela l'interazione costruttiva e coimplicata tra soggetto e oggetto di cui sto parlando è sempre all'opera. I processi sensomotori, la percezione e l'azione sono inseparabili dalla cognizione in quella che Varela chiama visione "enattiva" e che recupera alcune idee di Maurice Merleau-Ponty. Dice Varela:

Per la tradizione computazionista dominante il punto d'inizio per la comprensione della percezione è squisitamente astratto: il problema dell'elaborazione dell'informazione nel recupero di proprietà del mondo preesistenti. All'opposto il punto di partenza dell'approccio enattivo è lo studio di come il percettore guida le sue azioni all'interno di situazioni locali. Siccome queste situazioni mutano continuamente come risultato dell'attività del percettore, il riferimento per comprendere la percezione non è più un mondo preesistente e indipendente dal percettore, ma piuttosto la struttura sensomotoria dell'agente cognitivo. [...] È questa struttura, il modo in cui il percettore è incorporato, piuttosto che qualche mondo preesistente, che determina come il percettore può agire ed essere modulato dagli eventi ambientali. [...] La realtà non viene dedotta come un dato: dipende dal percettore, non perché il percettore la "costruisce" secondo la propria fantasia, ma perché ciò che viene considerato come mondo pertinente è inseparabile dalla struttura del percettore. [...] Quindi la percezione non è semplicemente inquadrata nel mondo circostante e da esso vincolata, ma contribuisce anche all'enazione di questo mondo circostante. [...] Organismo e ambiente sono legati insieme in una reciproca descrizione e selezione. (Varela 1994)

Nonostante la nostra radicata convinzione di toccare la realtà, è di questa eccitazione, di questo fremito o fruscio interattivo, che siamo consapevoli e non della realtà, cioè dell'altra metà genitoriale che collabora attivamente alla nascita della *creatura* (uso questo termine di Jung e poi di Bateson per indicare la natura emergente, evenemenziale del mondo esperito). Dal lontano territorio, inattingibile e congetturale, nascono le mappe: *per noi tutto è mappa*. Ma non tutte le mappe sono uguali, perché esse partecipano in grado minore o maggiore della loro natura di mappa: le mappe più vicine al territorio della natura, cioè quelle che meno sono mappa, sono le meno astratte (appunto). Le mappe più astratte, quelle che più debbono alla parola e meno al corpo, sono sempre frutto di un'interpretazione, e l'interpretazione può essere fallace, tendenziosa, distorta e distorcente: eppure, laggiù, c'è il "libro" cui, facendo tacere la mente e ascoltando il corpo, secondo i dettami di certe dottrine orientali, possiamo sempre far ricorso per (tentare di) raddrizzare le nostre interpretazioni. Più che tradurre, di fatto, noi interpretiamo (la traduzione, a ben pensarci è in primo luogo un'interpretazione), perdendo molto del reale e aggiungendovi molto di nostro. Per apprezzare la lontananza tra realtà e interpretazione, si rifletta che, in fondo, se per noi può essere molto difficile calcolare lo stato successivo di un sottosistema del mondo, il sottosistema "sa" benissimo dove andare. Anche il sistema "universo" sa benissimo dove andare[4].

Dunque il primato della logica sull'essere, del razionale sul reale, che a volte si è attuato mediante il brutale schiacciamento del secondo sul primo, ha portato a un progressivo primato del pensiero, a una progressiva astrazione, cioè un allontanamento, della scienza dal mondo, da cui il suo carattere antiintuitivo e, direi, magico: nonostante la sua dichiarata volontà di spiegare l'arcano e di squadernarlo sotto gli occhi di tutti, di fatto, solo gli iniziati riescono a fare scienza, come nella scuola di Pitagora. La democraticità di principio della scienza si tramuta in un'esclusione aristocratica, che passa per i contorsionismi di un lungo e faticoso apprendistato. Chi voglia avvicinarsi alla "Verità" deve fare atto di contrizione e abiura nei confronti delle forme di conoscenza altre: come nel caso delle conventicole misteriosofiche, la scienza spinge a una forma di pensiero unico ed esclusivo.

Pur dichiarandosi sempre provvisoria e pur disposta a mettersi sempre in discussione, la verità scientifica esercita istante per istante una soffocante tirannia intellettuale, tanto più efficace in quanto si vale dell'unico strumento intersoggettivo di cui sentiamo, per lunga assuefazione, di poterci fidare, la razionalità logico-computante. Ma si tratta di un'autoconvalida, basata sulla rinuncia, indotta ma in apparenza volontaria, da parte degli adepti, a ogni altra forma di conoscenza e comunicazione e sulla cooptazione dei simili (è evidente qui che la scienza, che si vorrebbe assoluta, cioè svincolata dagli scienziati che la fanno e dalla società che la produce, manifesta invece una natura sociale sorprendente e sgradita a molti). Ci si può opporre a questo "imperialismo" solo uscendo dal sistema, atto che richiede però una buona dose di coraggio e va incontro alla superciliosa scomunica degli iniziati. Questo senso di costrizione può essere una delle cause dell'attuale calo d'interesse per la scienza[5].

Oggi tuttavia il primato della parola, in particolare della parola formale, del segno matematico, rispetto alle cose e agli eventi del mondo si sta attenuando se non addirittura invertendo. Stiamo forse rinunciando alla pretesa di trovare la "Verità" per via linguistica. Troppo smagati ormai sul concetto di Verità, vediamo offuscarsi la differenza tra vero e inventato, e sotto il profilo storico e sociale ciò forse è un bene, perché può evitare crociate, intolleranze ideologiche, faziosità rissose e futili sfoghi ormonali. Forse è tempo di riconoscere che il mondo nel quale siamo immersi è sempre più una creazione linguistica, un repertorio interminabile di segni, tra i quali, a tratti, ne emerge uno più sodo, cui attribuiamo un più forte valore di realtà, ma sempre segno è. Mi rendo conto che non è entusiasmante concludere che viviamo in un mondo di codici, con tutta l'equivocità e l'arbitrarietà che ne segue: vorremmo delle solidità univoche, su cui costruire edifici robusti, ma viviamo in un universo di parole.

Se il riconoscimento della natura linguistica e interpretativa, dunque relativa, di quelle che si ritenevano realtà solide e verità incontrovertibili rappresenta una delusione, almeno una conseguenza positiva dovrebbe averla: le animosità, gli scontri, le guerre combattute in nome di una Verità unica dovrebbero attenuarsi in pacati dialoghi inter-interpretativi.

La narrazione e il mondo

Io dichiaro di ignorare le trame di qualsiasi romanzo; perché, a conoscerle, avrei perso tempo e basta. La mia soddisfazione è di poter trovare qualche pezzo dove sul serio lo scrittore sia riuscito a indicarmi una qualunque parvenza della nostra fuggitiva realtà. Con il mio sistema [...] io scompongo intuitivamente qualunque libro

Federigo Tozzi

Siamo immersi nelle narrazioni. Il carattere narrativo di tutto ciò che ci circonda è confermato da quanto accade in un'aula di tribunale durante un processo. Un processo è una narrazione polifonica, una sorta di dramma teatrale dove ogni attore recita una parte, cioè narra una storia. L'imputato, gli avvocati, i testimoni, il pubblico ministero, ciascuno narra una storia e alla fine il giudice deve narrare una sorta di compendio pesato di tutte queste storie, decidendo di incorporarvene alcune e di espungerne altre. Una storia particolare raccontano i periti: le perizie, infatti, non sono extratestuali o extranarrative, fanno parte integrante della sinfonia del processo. Partendo dagli stessi dati, periti diversi forniscono spesso storie diverse, e le differenze derivano dalla diversa posizione, storia personale, inclinazioni e ideologie dei periti.

Le storie dei periti nelle aule dei tribunali forniscono dunque una dimostrazione concreta della natura narrativa della scienza, specie della scienza agita, cioè della scienza nella sua interazione forte con gli esseri umani che la fanno e che la usano. Le narrazioni dei periti hanno spesso uno statuto un po' diverso da quello delle altre narrazioni, ma non perché siano superiori alle altre, o assolute, quanto a contenuto di verità: infatti possono essere impugnate e rovesciate nel loro contrario.

Perché diversi periti possono fornire storie diverse partendo dagli stessi dati? Questo fenomeno non riguarda solo le storie peritali: quante volte i dati "oggettivi" rilevati dalle indagini statistiche o forniti dagli strumenti sono usati da alcuni per dimostrare una tesi (per esempio una teoria) e da altri per dimostrare la tesi opposta. Questo è possibile perché, da una parte, quei dati rappresentano una minima parte del reale e, dall'altra, le tesi (che sono narrazioni) non possono esaurire il mondo: cioè il mondo non è del tutto narrabile. Se il mondo fosse tutto narrabile, la sua coerenza e unicità si potrebbe tradurre nella coerenza e unicità della sua narrazione, quindi i dati potrebbero essere interpretati in un solo modo, ma così non è.

Quelle narrazioni diverse, a volte opposte, sono tutte *compatibili* con i frammenti del reale rappresentati dai dati. Esse sono prolungamenti razionali e verbali di quei frammenti, ma non poggiano soltanto sul reale, ne sono delle interpolazioni o estrapolazioni. Come quando si costruiscono curve diverse per interpolare alcuni punti ricavati per via sperimentale. Tra le diverse curve, tutte compatibili coi dati, se ne sceglie una in base a qualche criterio a priori (ideologico). Così si fa con le possibili teorie-narrazioni.

Lo stesso accade quando si ha a disposizione una successione finita di numeri e si tenta di costruirne il (anzi, un) prolungamento: per ogni successione finita esistono più prolungamenti, anzi infiniti, compatibili con il tratto iniziale. Lo stesso accade quando si scrive "a tema": sono potenzialmente infinite le storie che si possono narrare su un certo tema o partendo da un dato *incipit*. E così via.

Poi mi viene in mente che per fortuna il mondo è sempre lì, vivo e resistente sotto i nostri segni, dietro le nostre narrazioni, sotto le nostre equazioni: guai se le nostre semplificazioni e la nostra accanita volontà di formalizzare finissero col far sparire il mondo e lo sostituissero con i nostri modellini! No: il mondo resiste alle equazioni e anche ai racconti: quando abbiamo finito di descriverlo e di narrarlo lo ritroviamo, deposito inesauribile di forme, perturbazioni, suggerimenti; anzi *miniera* di dati, intrecci, sapori, perché la miniera postula un lavoro, uno scavo, una fatica. Di lì partiamo per narrare altre storie. E non sono le nostre storie a guidare il mondo, sono le infinite trame del mondo che guidano noi e le nostre storie. Siamo attratti dalle storie, dal linguaggio, dai segni, dalle equazioni: come se lì, in quella pallida risolutezza, fosse il regno incontrovertibile dell'univocità: ma il linguaggio non è il territorio della chiarezza. È, piuttosto, il luogo dell'ambiguità e dell'incompiutezza: col linguaggio vorremmo rappresentare il mondo, ma questa fatica partorisce solo frammenti di rappresentazione. Il linguaggio sbriciola il mondo, ne fornisce mappe locali, le antiche cosmografie totali sono perdute in un mitico passato: come ho già detto, il mondo non è tutto narrabile. Siamo andati troppo avanti sulla strada della riflessione: siamo viziati dal pensiero, nella nostra mente c'è del marcio: pensatori astenici, deboli, smarriti, cerchiamo di nasconderci dietro l'illusione tenace della Verità, ma a tratti il mondo illumina questo repositorio linguistico e ci contorciamo bianchicci sotto il raggio abbagliante della sua lanterna: dobbiamo ammettere che siamo solo interpreti. Ha scritto Susan Sontag:

L'interpretazione è un metodo strategico radicale che tenta di conservare un vecchio testo, ritenuto troppo prezioso perché sia lecito scartarlo, rimettendolo a nuovo. L'interprete non lo distrugge e non lo riscrive, ma di fatto lo modifica. Tuttavia non ammette di averlo fatto. Sostiene di averlo soltanto reso comprensibile rivelandone il vero significato.

Susan Sontag, *Contro l'interpretazione*

E non è forse questa l'operazione che fanno, sempre, gli scienziati? Non tentano, sempre, di darci la versione *vera* del mondo? Non hanno il coraggio di dichiararne la fine o il fallimento (è troppo prezioso, il mondo; o meglio il suo carisma, ancorché immeritato, è ancora troppo forte per farlo sparire con una mossa da prestigiatore), però ce lo spiegano, ce lo ripresentano dopo una radicale cosmesi migliorativa e interpretativa, dunque veritativa. Ma interpretare il mondo (o un testo) non equivale a presentarne *la* Verità: è un'operazione molto più modesta, velleitaria e parziale. È, in sostanza, un ripiegamento tattico di fronte alle difficoltà dell'impresa. Ci accontentiamo di questa seconda linea di resistenza, che denota un profondo e rassegnato indebolimento, anche se, sotto un certo profilo, l'interpretazione si può considerare opera tutt'altro che modesta, anzi è temeraria e rischiosa, forse arrogante, ammantata di una cert'aria di superbia, come se l'interprete volesse imitare l'opera creatrice della divinità.

Credo che questo infiacchimento epistemologico, cui corrisponde un avvilimento etico e uno smarrimento estetico, sia dovuto anche alla scoperta dell'informazione e dell'arbitrarietà dei codici[6]. Qui mi preme rilevare che il disorientamento nel quale viviamo è visto da alcuni come il segno di una benefica liberazione dai pesanti vincoli che ci legavano alla nostra natura primigenia: abbiamo spezzato i ceppi e voliamo verso destini inenarrabili. Per altri è un rischio, da trasformare in richiamo forte a ricostituire quei vincoli, o altri analoghi, a istituire limiti e confini: insomma a recuperare valori, cioè un'etica. Infatti, abbandonando l'idea che la natura umana sia fissa, abbiamo anche rinunciato alla stabilità dell'etica e ciò pone agli individui problemi formidabili[7].

Ho detto che il primato della parola astratta sul reale si sta un po' attenuando e che la realtà sta recuperando terreno. Per essere precisi, non si tratta della realtà, ma delle mappe della realtà che a essa sono più vicine: questa sorta di "rivoluzione copernicana" si manifesta tramite un recupero della storia e del tempo all'interno delle scienze, anche delle più formalizzate. Come ho ricordato nel paragrafo *La formalizzazione* a p. 67, Norbert Wiener sosteneva che certe discipline possono essere formalizzate, in particolare la fisica e la chimica, altre invece, come la psicologia, l'antropologia e la sociologia, non devono essere formalizzate, perché quest'operazione impoverirebbe troppo i loro oggetti: perciò vanno *narrate*. La grandezza di Freud sta non solo o non tanto nella sua formulazione di una teoria della psiche (tra l'altro difficile da verificare o da confutare), quanto forse nelle sue qualità narrative. Ciò è in tema con una rivalutazione profonda della narrazione (romanzo, racconto, dramma...) come strumento di conoscenza. Poiché ho menzionato la narrazione, che si stende nella lingua ordinaria, per sua natura polisemica, voglio anche osservare che la rivoluzione copernicana si accompagna a una rivalutazione dell'*ambiguità* che, come ho osservato nel primo capitolo, lungi dall'essere deprecata come un tempo, è oggi addirittura indicata come fonte di novità e di ricchezza. Di fatto, è dalla rottura delle simmetrie (che sono per natura ambigue) che si genera la novità, che nasce l'informazione, che procede la storia. L'ambiguità è nel tempo, nei processi, nell'evoluzione.

Anche la visione evolutiva, inaugurata da Darwin e più volte riveduta e raffinata, si pone quindi come una delle grandi molle di questa "rivoluzione copernicana". L'idea di evoluzione ha ormai permeato di sé tutta la storia, non solo naturale, ma anche socioculturale, è penetrata nella scienza, che non è più una creazione fuori del tempo, ma ridiscende tra noi. Riconoscendo il suo carattere di modello, riconosciamo anche la perentoria convenzionalità del suo scheletro logico. Si pensi al rasoio di Occam, a questo odioso strumento da barbitonsore con il quale i logici si dilettano a estirpare qualunque eccedenza del pensiero: ebbene, in natura non c'è nulla del genere, anzi le specie e gli individui si moltiplicano allegramente, in barba (!) a ogni tentativo di riduzione *ad unum*. In base al rasoio di Occam potremmo chiederci: che cosa ce ne facciamo dell'ippopotamo, visto che c'è già il rinoceronte? E ancora: che cosa ce ne facciamo di Pietro, dato che c'è già Paolo? E questo moltiplicarsi di enti, di specie e di individui si riscontra anche nella società, nel cosiddetto consorzio civile, nelle sue istituzioni dal funzionamento faticoso ed entropico: dalla scuola alla giustizia, dai trasporti al sindacato. La parola, tipico strumento antientropico, deve cedere di fronte al reale e, anzi, si trasforma essa stessa in uno stimolatore del caos. Che cosa succede della parola nelle aule dei tribunali, dove con le parole si raccontano storie diverse e divergenti sullo "stesso" evento? È solo l'arbitrio narrativo finale, consentito al giudice dalle convenzioni legislative, che reintroduce una parvenza di ordine nel caos della parola. Ma è pur sempre arbitrio.

Contro la pretesa di fondare sul razionalismo la storia, la giustizia, la cultura e la società, si sono pronunciati in molti, anche alla luce dei guasti che questa pretesa, spinta a eccessi non difficili da raggiungere, ha procurato. Alcuni vorrebbero ridurre la vita umana a un seguito di operazioni esatte, logiche e razionali, vorrebbero cioè eliminare le attività superflue (rispetto a che cosa?), ingiustificabili (secondo quali ragioni?), imprecise (rispetto a quale metro?). Con ciò, credo, eliminerebbero la vita stessa, ridurrebbero la sua fiorita e irragionevole pluralità a un istante brevissimo, a un punto secco, privo di dimensioni e di svolgimento. Eliminerebbero ogni deviazione, ogni errore, ogni contesa, ogni esperienza, ogni apprendimento, per sostituire questa florida e rigogliosa polifonia a un'unica nota: una nota, e una noia, mortifera.

Nello stesso momento molti uomini e molte donne camminano, mangiano qualcosa, bevono, parlano. Alcuni, pochi vista l'ora, fanno l'amore o dormono, altri sono a letto ammalati, parecchi sono al mare dove nuotano, si bagnano o semplicemente prendono il sole. Altri ancora sono in macchina o in autobus, o salgono in treno, vendono o comprano qualcosa, leggono libri o giornali, s'incontrano per strada e si salutano, fermandosi a scambiare qualche parola o impegni di prossime visite e telefonate, esplicano insomma una vasta e differenziata attività, difficile da esprimere con una formula riassuntiva e altrettanto difficile forse da giustificare razionalmente, un'attività in gran parte gratuita e superflua, che fornisce benefici e soddisfazioni marginali e certo non proporzionati all'impegno profuso, ma che non si potrebbe interrompere e neppure ridurre di tanto se non con grave nocumento di qualcosa di imponderabile ma sostanziale. Questo qualcosa si potrebbe, senza esagerare troppo, identificare con la natura umana, o meglio con il funzionamento dell'umanità. Come se questa complicata ed eterogenea macchina, l'umanità, per produrre quel po' che produce, avesse bisogno di sperperare una gran quantità di energia in una sorta di attrito fatto di piccole azioni ripetute, di chiacchiere, di futili contese, di cavilli, di letture inutili, di scritture ancora più inutili, una sorta di pulviscolo sonnolento e disordinato che inviluppasse una gracile ossatura navigante verso un dubitoso e generico progresso. Ma se, animato dalle migliori intenzioni, un rivoluzionario ingegnere sociale tentasse di aumentare il rendimento della macchina eliminando in tutto o in parte quel polverino di azioni in apparenza inutili per conservare solo le più pratiche, le più solide, quelle capaci di aumentare il valore di qualche grandezza importante, la ricchezza, per esempio, o il prodotto nazionale lordo, o l'erogazione di energia elettrica, o altro di ben tangibile, la macchina, pur accelerando a dismisura il suo movimento, perderebbe, con l'attrito, il suo carattere più profondamente umano, quello appunto di girare a vuoto, per mettersi a girare a vuoto in un senso molto più sinistro e spaventoso, nel senso cioè dell'efficienza meccanica. Strappata al regno del disordine ed entrata in quello dell'esattezza, la macchina compirebbe progressi molto più rapidi, ma verso una meta disumana, nella quale solo l'ingegnere sociale si riconoscerebbe. Tutto ciò ha forse a che fare con la natura del nostro corpo, fatto di carne, di sangue, di grassi, e composto in massima parte di acqua: un corpo semiliquido, sfuggente, deteriorabile, un corpo insomma impreciso, anzi casuale, nella forma e nelle funzioni. Un corpo che può concepire l'esattezza e aspirarvi soltanto con la fantasia più inesatta perché, nella pratica, questa famosa e vagheggiata esattezza, esattezza comunque concepita da un cervello sfumato e assai poco esatto, si stempera pur sempre in una serie di gesti sfocati, di parole imprecise, di atti involontari, nella tranquillizzante palude di una relatività senza contorni e senza drammi.

La gerarchia di Ackermann

Scienza e società

È curioso che contro il tentativo di estendere il dominio della razionalità abbia avuto una parte fondamentale, ancorché involontaria e paradossale, proprio la scienza. È stato infatti spingendo al limite le sue indagini che si sono scoperte alcune limitazioni essenziali: si pensi ai teoremi di Gödel, al relativismo soggettivo e alla contestualità predicati dalla teoria dell'informazione, ai "paradossi" della meccanica quantistica, all'instabilità intrinseca di certi sistemi deterministici oggetto della cosiddetta "teoria del caos". Ma ci sono stati altri fattori d'importanza capitale: lo sviluppo tecnologico, che ha consentito di affrontare i problemi della computazione o della descrizione linguistica della natura con armi molto potenti e in parte nuove (per esempio la simulazione), facendoci scoprire l'aleatorietà dove si pensava regnasse la certezza. Si noti infatti che il calcolatore, introdotto come macchina ordinatrice (in francese: *ordinateur*), è stato il responsabile più diretto della scoperta dell'indeterminatezza, della natura statistica di ogni legge fisica e del passaggio dall'universo delle leggi atemporali al mondo dei processi storici. La scienza è scesa dall'empireo per riprendere posto tra noi umani. Si noti comunque che tutto questo affaccendamento riguarda sempre e solo le nostre mappe, anche se non ho nessuna intenzione di negare l'esistenza di una realtà che, laggiù in fondo, si vagheggia e si rimira e magari, non vista e curiosa, ci osserva.

C'è ancora un altro fattore di questa mutazione, la cui importanza non so ancora valutare: l'aumento della massa umana pensante, in termini puramente quantitativi. Alle *élites* che in passato elaboravano la riflessione e promovevano la cultura, si contrappone oggi un esercito sterminato di piccoli e medi pensatori, il cui effetto complessivo, amplificato dai media, in particolare dalla Rete, è ancora tutto da indagare. Uscendo dalla piccola cerchia dei grandi filosofi e dei grandi scienziati, che detenevano il monopolio della riflessione, il pensiero è divenuto meno astratto, ha incorporato gli accadimenti quotidiani, si è intessuto di piccole storie individuali, si è guardato allo specchio della politica pratica, della scienza applicata. Tutto ciò ha contribuito a sfatare alcuni miti: il mito del progresso, della scienza buona (o dello scienziato benefattore dell'umanità), della sacralità dello specialista, della colpevolezza della tecnologia, capro espiatorio di tutte le nefandezze, che non possono certo essere ascritte all'angelica purezza della scienza di base... Con questo allargamento del laboratorio, consentito dalla tecnologia, si badi bene, e non dalla scienza, si amplia la base del consenso: da una parte, sul piano pratico, per procedere nell'introduzione delle innovazioni lo specialista deve ottenere il benestare di strati sempre più ampi della popolazione; dall'altra, sul piano teorico, la mediazione consensuale e il negoziato, che portano alla verità accettata socialmente, sono sempre più distribuiti.

Insomma il quadro dei rapporti tra scienza e società si complica, anzi si "complessifica". Sboccia la *complessità*. E non è necessario dare una definizione precisa di questo termine, che peraltro manca. È un termine che ha molti significati, alcuni piuttosto precisi in ambiti limitati (per esempio, nella teoria della computazione o in fisica), ma che si usa spesso in modo presistematico. Non importa: a posteriori sappiamo che nessuno aveva definito in modo preciso l'elettrone nei primi decenni del Novecento, ma ciò non ha impedito ai fisici di studiarlo sulla base di definizioni provvisorie e di darne via via definizioni nuove e più precise. Chi dice con sufficienza o col finto candore del riduzionista irriducibile "non so che cosa sia la complessità" non per questo si può affrancare dalla sua influenza. Possiamo intanto partire con definizioni euristiche o di comodo o ideologiche o metafisiche: altre definizioni più utili ed efficaci verranno in seguito, com'è sempre avvenuto nella storia della scienza.

Una domanda di fondo resta comunque aperta: la complessità è in natura o è un effetto della nostra descrizione verbale (matematica)? O anche: è una caratteristica delle mappe vicine o delle mappe lontane dal territorio che stiamo tentando di sondare e di cartografare? Non lo sappiamo. Non sappiamo neppure se riusciremo a trovare un formalismo adeguato, cioè una matematica adatta a esprimere la complessità, a fornire una rappresentazione abbastanza unitaria e adeguata dei fenomeni complessi. La matematica che possediamo è nata e si è sviluppata per studiare i fenomeni semplici, quindi può darsi che non sia molto utile per quelli "non semplici". E, a questo proposito, osservo che la complessità viene definita, se non nei pochi domini specifici, *in negativo*: "complesso" è ciò che "non è semplice" o in altri modi equivalenti dove si nota la presenza di un "non". Forse è da questa impostazione negativa che nascono alcune difficoltà e non solo definitorie: mentre studiare le rane è abbastanza semplice (Alessandro Volta c'è riuscito), studiare le "non rane" può essere molto difficile (o complesso?).

Soggetto e realtà

La mente è nel mondo che è nella mente

Edgar Morin

Noi modelliamo la realtà, la "nostra realtà", con le nostre parole e le nostre frasi, così come la modelliamo con la nostra vista e il nostro udito

François Jacob

Caratteristica del Novecento è stata l'aspirazione a conoscere la Realtà e a fornirne una Descrizione Vera. Sulla scorta della tradizione ottocentesca, e prim'ancora galileana, la fisica si è fatta interprete attiva di questa ricerca di Realtà-Verità, ma con la teoria della relatività e più ancora con la meccanica quantistica si è visto che il concetto di Realtà è molto più sfuggente del previsto e che la sua manifestazione epifanica richiede una partecipazione attiva del soggetto.

L'accanita ricerca della Realtà, unita a un retaggio di sapore moraleggiante legato alla nozione di Verità chiara e distinta (com'è scritto nel Vangelo: "sia il vostro parlare sì, sì; no, no; il di più viene dal maligno", Matteo, 5, 37), è legata a una radicale contrapposizione tra Essere e Apparire. Ma siamo costretti a concludere che per noi l'Essere si cela, sempre e accuratamente, dietro l'Apparire: in effetti la nostra Realtà è sempre una Realtà percepita.

L'avvento della realtà virtuale ha contribuito a instillarci il sospetto di essere immersi in, e di interagire con, una realtà che contribuiamo sempre a modificare e che a sua volta ci modifica. Non solo dunque a livello microscopico, come c'insegna la fisica quantistica, ma anche a livello mesoscopico e quotidiano l'acquisizione di informazione sul mondo comporta una perturbazione costruttiva. A differenza di quanto predica la fisica classica, per la quale oggetto e soggetto sono nettamente separati e l'interazione tra i due è nulla o trascurabile (o tutt'al più ha natura cognitiva e va dall'oggetto al soggetto), dobbiamo ammettere che l'interazione esiste ed è essenziale, in quanto contribuisce a costituire sia l'oggetto sia il soggetto.

Il soggetto di questa interazione fa parte della realtà, ma è anche osservatore e produttore dello scenario dinamico: quindi ha una doppia parte, di agito e di agente. L'interazione provoca una perturbazione sull'oggetto, che a sua volta si ripercuote sul soggetto, in una riverberazione potenzialmente illimitata. In questo senso, la realtà non è un'entità data a priori, in cui il soggetto viene immerso senza conseguenze: la sua attività conoscitiva non si limita a produrre un rispecchiamento (magari parziale) della realtà nei suoi organi corpomentali di conoscenza. Piuttosto, la realtà è un luogo instabile, brulicante di potenzialità e di reazioni che si attuano e si innescano non appena il soggetto (fin dalla nascita) comincia a farne parte. La vicendevole interazione oggetto-soggetto è eminentemente dinamica e dipende dalla coimplicazione di tutte le parti di questa totalità (le parti si possono separare, o ritagliare, solo con un atto mentale artificioso, benché a volte utile nelle discipline che, come la fisica, ricorrono allo strumento del riduzionismo). Insomma la realtà, di cui il soggetto fa parte, è una riserva inesauribile di "virtualità" attuabili, capace di fornire (al soggetto) l'esito di ogni possibile esperimento, deliberato o spontaneo: tutti questi esiti si configurano e si riconfigurano senza posa, costituendosi come mondo (percepito). Se concepiamo soggetto e realtà come due poli, inseparabili come i poli di un magnete, e in intima interazione dinamica, il confine che siamo soliti tracciare tra i due diviene molto meno preciso, e si presenta come una zona sfumata in cui l'uno trapassa gradatamente nell'altra (De Meo 2001).

Una virtualità dinamica ed evolutiva

La caratteristica più tipica di un soggetto, rispetto alle parti della realtà che non lo sono, è data dalla sua capacità di accumulare le tracce delle interazioni con la realtà e di costituirsi una *storia consapevole*. Le virtualità attuate rientrano in questa storia. In questo senso, la memoria costituisce la caratteristica principale del soggetto. La memoria non è un deposito inerte, ma fa parte della realtà e quindi ne assume il carattere dinamico e interattivo: le tracce mnestiche, o ricordi, riemergono sempre diversi. La memoria, che consente di elaborare, confrontare ed emettere segnali, non è solo nella mente, ma anche nel corpo: i segnali del corpo sono spesso azioni, che a loro volta suscitano reazioni e riverberazioni, che si traducono in nuove tracce mnestiche che modificano quelle precedenti (Nota 3 del secondo capitolo). La memoria dunque è dinamica e s'intreccia dinamicamente con quello che di solito si concepisce come il suo contrario, l'oblio (*Narrazione e simulazione*, p. 55).

L'assorbimento delle tracce mnestiche nel corpo e nella mente del soggetto è filtrato dalle strutture corpomentali esistenti (ereditate dall'evoluzione o costituitesi per via culturale) e contribuisce a sua volta a riconfigurarle. Dunque le perturbazioni esterne, che il soggetto riceve anche in risposta alle sue esplorazioni, costituiscono una stimolazione filtrata. Questa stimolazione filtrata, in genere trasforma, raffina, complessifica le strutture stesse che la filtrano. La storia di questo raffinamento si chiama evoluzione (filogenetica o ontogenetica), e in questo senso l'evoluzione acquisisce un'orientazione, per quanto debole[8]. Il concetto di mondo come realtà percepita e progressivamente costituita in modo interattivo e in dinamismo storico-evolutivo si contrappone al concetto filosofico di Realtà invariabile, primigenia e monolitica. Questa tradizionale prospettiva assoluta, immutabile ed eterna è stata adottata anche dalla fisica classica, che infatti non spiega la novità, la rottura delle simmetrie, la complessificazione. Questa incapacità giustifica la tradizionale diffidenza dei fisici (meccanici) verso l'immagine evolutiva fornita dalla termodinamica e il loro radicale rifiuto del caso, matrice di instabilità e quindi di mutamento. Lungi dall'essere cristallizzato in forme parmenidee, eterne e immutabili, il mondo è storico, molteplice, dinamico, conoscibile in forme e modi diversi a seconda dei soggetti e delle configurazioni che i soggetti imprimono alle loro interazioni attive e conoscitive: si ha a che fare con una pluralità di mondi, tutti virtualmente compresenti, un po' come accade nelle teorie quantistiche dei molti mondi. Ogni soggetto accede a un mondo diverso a seconda delle sue risorse, dei suoi interessi, della sua storia... In questo accesso si attua la simultanea costituzione di un mondo e di un soggetto, pronti a mutare di con-

142

tinuo grazie alle interazioni ulteriori (non si dimentichi che, nell'ambito della teoria della comunicazione, è l'interesse dell'utente a costituire una sorgente d'informazione).

Del mondo con cui un soggetto entra di volta in volta in interazione fanno parte anche altri soggetti, che sono a loro volta nodi d'interazione con la realtà e a loro volta costruiscono mondi dinamici. L'interazione tra vari soggetti può assumere livelli elevati di complessità e contribuisce alla dinamica soggetto-mondo di ciascun soggetto e di ciascun mondo. L'intersezione di tutte queste coppie dinamiche costituisce una coppia dinamica collettiva, cioè un mondo percepito a livello intersoggettivo in interazione con un ipersoggetto di conoscenza, in cui si sviluppano stratificazioni consuetudinarie, pratiche comportamentali, identificazioni multisoggettive, che di solito rappresentano strutture più stabili rispetto alle dinamiche individuali e che nel loro complesso formano ciò che variamente si chiama *realtà condivisa, tradizione* o *cultura*. Con queste strutture, che entrano in varia misura a far parte di tutti i singoli mondi soggettivi, interagiscono tutti i soggetti collegati, contribuendo alla loro dinamica evolutiva.

È opportuno quindi parlare di *realtà* e di *mondi* al plurale: si mostrano diversi a sguardi diversi e si attuano (si eventuano) nel momento in cui si instaura l'interazione che li evoca. L'evento è dunque un accadimento condizionato dall'interazione costitutiva innescata da un soggetto. L'affermazione secondo cui non possiamo accedere alla realtà in sé, ma solo alla realtà fenomenica va dunque precisata: possiamo accedere solo a una realtà virtuale di volta in volta attualizzata in un mondo dalla nostra interazione costruttiva (De Meo 2001). L'interazione costruttiva è mediata non solo dal corpomente, ma anche da strumenti tecnici, che ampliano il concetto di virtualità senza modificarne l'essenza e si aprono su una prospettiva indefinita di ampliamenti successivi: anche per questa via si manifesta il carattere storico della dinamica. Secondo questa concezione, tutta la realtà ha un carattere virtuale: è la virtualità che ha conquistato la realtà e non viceversa.

I messaggi in cui si incarnano le percezioni subiscono lungo i canali di trasmissione svariati procedimenti di trasformazione (codifica), dando luogo a trasformate che sono confrontate con le tracce contenute nella memoria (mentale o corporea) per costruire i "significati" espliciti o impliciti.

La realtà falsificata

I nostri organi di senso sono fatti apposta per tenere fuori il "mondo"

Gregory Bateson

Tra noi e la realtà s'interpone sempre un filtro creativo

Gregory Bateson

Come ho detto, l'avvento della realtà virtuale ha messo in evidenza la natura virtuale di tutta la realtà. Questa virtualizzazione del reale si accompagna a un altro fenomeno, che riguarda strettamente la comunicazione. Mentre nella presa di contatto primaria con la realtà il soggetto attua, grazie alla sua interazione costruttiva, una virtualità (un mondo virtuale), il destinatario di un messaggio ha con la realtà un contatto secondario, doppiamente virtuale, cioè (ulteriormente) mediato non solo attraverso il corpomente del mittente, ma anche attraverso la modulazione filtrante più o meno volontaria del mittente e infine attraverso il proprio corpomente. Ne segue che la comunicazione è, per usare i criteri tradizionali, sempre "menzognera": menzogna volontaria se il mittente occulta o modifica di proposito parti del messaggio, menzogna involontaria se la modifica o l'omissione (inevitabili) sono mera conseguenza del filtraggio. Poiché tutto non si può dire e qualcosa si deve omettere, si tratta di vedere se le omissioni sono deliberate o no.

Tutta la realtà che ci giunge tramite i media è comunicata, dunque filtrata, ricostruita e rielaborata e, all'interno di questa costellazione di messaggi, alcuni sono falsificati, altri semplicemente monchi, o amputati. Anche l'amputazione è una falsificazione, ma risponde a criteri che, per quanto ingannevoli (*trompe l'oeil*), non sono sempre basati sull'inganno deliberato o lucrativo. Poiché tutti i messaggi convogliati dai media, in particolare dalla televisione, sono falsificati, a volte è difficile distinguere tra messaggi di seconda mano (cioè relativi a un'interazione primaria tra il mittente e la realtà, per esempio i telegiornali o i documentari) e messaggi di terza o quarta o ennesima mano (relativi a un'interazione secondaria o terziaria e così via, tra il mittente e la realtà, per esempio i film o gli sceneggiati). La distinzione tra i diversi "generi" non può essere basata sul criterio di oggettività o di rispondenza alla realtà: si pensi a una notizia data con tutta serietà dal telegiornale, ma in seguito rivelatasi falsa e, all'opposto, a un film (opera di "fantasia") che ritrae con grande accuratezza un evento verisimile (che magari accadrà di lì a poco).

Se ci limitiamo alla televisione, tutte le notizie, tutte le informazioni, tutte le sollecitazioni ci giungono attraverso lo stesso mezzo tecnologico, e ciò provoca un appiattimento, una sorta di omologazione che contribuisce a confondere i "generi". È grazie alla televisione che è stata possibile la confusione tra i film catastrofisti e il crollo delle Torri Gemelle, anzi è come se i film avessero prima preparato e poi prolungato il fatto. Chi, come me, si trovò a passare davanti al televisore l'11 settembre 2001 poté credere a tutta prima di assistere a una finzione (cioè alla comunicazione di una finzione, dunque a una finzione di secondo grado: invece era una finzione di primo grado, cioè era la comunicazione di un evento). Così accadde e accade per la guerra nei Balcani, in Afganistan, in Iraq, per gli attentati, per le esecuzioni sommarie, per gli incidenti aerei e stradali: tutto è già stato raccontato infinite volte dalla finzione, che assorbe anche la realtà (una realtà sempre narrata e filtrata dalla tecnologia).

Questa confusione tra i generi e i livelli di finzione e di virtualità, favorita dall'uso del medium tecnico, alimenta la progressiva infiltrazione nella comunicazione di una componente *spettacolare*.

La tendenza è evidentissima in pubblicità, dove ogni comunicazione è uno spettacolo (un annuncio spettacolare) del quale le merci sono protagoniste (più o meno palesi). La parola stessa, "pubblicità", indicherebbe come componente essenziale la presenza di un pubblico, destinatario-spettatore della comunicazione-spettacolo. Lo spettacolo di solito è minimo, ma ben congegnato, e trasforma in propaganda l'asserita oggettività dell'informazione nel momento stesso in cui vorrebbe esaltarla. Se compaiono attori, proprio quelli più "spontanei", cioè che meno sanno recitare, sono quelli che più dànno il senso della finzione.

Riassumendo, rispetto alla realtà il soggetto si trova sempre in una posizione di interazione costruttiva, che fa di ogni evento o oggetto un elemento di virtualità attuata. Nel comunicare a un secondo soggetto questo elemento, il soggetto-osservatore sceglie, più o meno consapevolmente, alcuni aspetti e non altri dell'evento o oggetto, che a sua volta è già filtrato; quindi la comunicazione ha un carattere doppiamente soggettivo e la virtualità attuata dell'evento comunicato e percepito dal secondo osservatore (destinatario) è costruita sulla, e dipende dalla, virtualità attuata dell'evento percepito dal primo osservatore (mittente). A volte il mittente sceglie deliberatamente gli aspetti dell'evento o oggetto che gli preme comunicare per conseguire i propri fini. Per esempio può metterne in luce certi aspetti per suscitare emozione, per modificare o rafforzare la sua relazione con il destinatario, per vendere un prodotto...

Comunicazione e tecnologia

Quando esista una tecnologia che consente la ripetizione identica e indefinita del messaggio, tutto è, o meglio diventa subito, spettacolo. La realtà non si ripete mai: la caduta delle Torri Gemelle è avvenuta una volta. La si poteva confondere con uno spettacolo solo se era vista alla televisione, ma certo è diventata uno spettacolo nelle ripetizioni successive. Le persone che si gettavano dalle Torri Gemelle per cercare scampo dal fuoco ci sono apparse ogni volta di più come curiosi oggettini inanimati nei quali cercheremmo invano di immedesimarci, e di fatto non cerchiamo più di immedesimarci. La differenza con un film si attenua via via e tende a sparire[9].

In pubblicità, regno dello spettacolo finalizzato, regna lo spot ripetuto all'infinito, o almeno finché non abbia esaurito la sua carica spettacolare e cominci a suscitare noia. È stato detto e ripetuto che viviamo in una società dello spettacolo: ciò significa che l'apparire prevale sull'essere? Ma abbiamo visto che l'essere si manifesta solo tramite l'apparire, e non può essere altrimenti: la realtà è sempre realtà percepita. Di conseguenza la società è sempre stata una società dell'apparire e, tendenzialmente, una società dello spettacolo. La dimensione spettacolare specifica della nostra società sta allora nella possibilità offerta dalla tecnologia di esaltare e diffondere l'apparire più che mai prima, cancellando anche la possibilità teorica dell'essere.

Inoltre, tramite la tecnologia, soprattutto televisiva, l'apparire si manifesta identico a platee sterminate e nello stesso istante: la presenza del pubblico, alla quale i gestori sono così sensibili, conferisce allo spettacolo la sua consacrazione. Una comunicazione che non avesse pubblico non sarebbe spettacolo, sarebbe come l'albero di Berkeley che cade nella foresta senza che nessuno ne oda lo schianto. E più vasto è il pubblico più spettacolare è lo spettacolo.

La dimensione ecumenica che la tecnologia televisiva conferisce allo spettacolo, cioè all'apparire davanti a un pubblico, provoca negli spettatori un'aspettativa quasi pavloviana. Basta accendere il televisore, o soltanto vederlo, perché ci mettiamo a salivare... Se non c'è spettacolo ci annoiamo: è una forma di assuefazione che, come molte assuefazioni, provoca crisi di astinenza. Se viene a mancarmi lo spettacolo soffro. Una sorta di legge di Weber e Fechner (secondo la quale per mantenere la costanza della risposta sensoriale bisogna aumentare l'intensità dello stimolo, per esempio acustico) incita poi a una crescita continua e smisurata della dimensione spettacolare. L'offerta di spettacolo ha come contropartita una domanda sempre più famelica di spettacolo (*panem et circenses*), che si alimenta della natura dell'uomo, creatura non del necessario, ma del superfluo. Questa richiesta iterata e sempre accresciuta di spettacolo, che somiglia alla necessità di assumere dosi crescenti di certe sostanze stupefacenti, questa spirale di emozioni che lo spettacolo deve suscitare prelude forse alla scoperta dell'infinità potenziale della nostra capacità di sentire? Sta di fatto che per "saziare" la fame di spettacolo e delle sensazioni che esso suscita si tende a un aumento della violenza, della crudeltà, della morbosità... Ogni traguardo viene raggiunto, ogni limite superato, ogni eccesso perpetrato, in una corsa che sembra dirigersi verso le componenti più atroci ed esaltanti della natura umana, in un tripudio di uccisioni crudeli, di mutilazioni, di torture inaudite.

Se questa spirale s'interrompe, se manca il crescendo, la reazione si stempera via via in un'indifferenza derivante dall'abitudine e prevista dalla legge di Weber e Fechner: a tutto si fa il callo. La ripetizione identica dello spettacolo manifesta sempre più la sua natura di finzione, acquista i caratteri rituali di una liturgia, non suscita più emozione (a meno che non contenga una dimensione simbolica o sacrale molto sentita). Ma il corollario inquietante di questa caduta di tensione spettacolare è che a questo modo anche la realtà diventa finzione (spettacolare): chi vede di continuo alla televisione sparatorie che non gli suscitano più orrore perché vi si è abituato può essere indotto a sparare con una pistola vera contro persone vere senza provare nessuna emozione. Come si usa dire, la realtà si confonde con la finzione, anzi con una finzione di basso livello, perché di solito la realtà-spettacolo è molto meno spettacolare della finzione-spettacolo. La confusione non è più solo tra i generi all'interno della comunicazione, ma coinvolge anche il rapporto primario con la realtà. Il correlato emotivo delle azioni, la responsabilità e il rimorso si annullano "come se" la vita fosse spettacolo. Dopo qualche replica l'effetto catartico che Aristotele attribuiva alla tragedia svanisce e l'indifferenza, o addirittura la noia, si travasa dallo spettacolo nella vita vera, in cui magari si finisce col cercare (invano?) qualche variante ad alto contenuto di eccitazione per riprodurre nella realtà il crescendo di orrore o di meraviglia delle finzioni. Ci si può chiedere se questa confusione tra realtà e spettacolo non abbia un legame con i delitti, spesso atroci, perpetrati dai tossicodipendenti per procurarsi la droga o con le uccisioni, sempre più frequenti, dei genitori da parte dei figli e viceversa.

La tendenziale deriva verso lo spettacolo si osserva, come ho detto, anche nella cosiddetta "comunicazione oggettiva", in particolare nei notiziari, e non solo perché sono seguiti da un pubblico vastissimo. Il metamessaggio esplicito "questo è un telegiornale", accompagnato da una sigla musicale e da mappamondi rotanti, mira a far passare per oggettivo ciò che oggettivo non può essere.

Nell'agosto del 2005 un aereo ATR 72 precipitò in mare al largo della costa palermitana e ci furono parecchie vittime. Nei giorni seguenti un quotidiano pubblicò la foto di un cadavere seminudo di donna fluttuante tra le onde. La "notizia" convogliata dalla foto era in un certo senso oggettiva, ma puntava anche alla sensazione, provocando un misto di orrore, di pruriginosa curiosità e di perversa morbosità sessuale. Questa miscela così composta viene esaltata dalle prime ripetizioni della "notizia", prima cioè che subentri l'abitudine. In nome del dovere di cro-

148

naca si vedono spesso ostentati particolari cruenti se non francamente rivoltanti o raccapriccianti, come quelli legati alle esecuzioni per sgozzamento in Iraq da parte dei fanatici assassini. Che queste esecuzioni in diretta non si vedano più non dipende da un incremento di misericordia, ma dalla consapevolezza che esse non susciterebbero più l'effetto traumatico delle prime: ancora Weber e Fechner. L'indulgenza e la curiosità per queste forme spettacolari giunge fino a invocare la libertà d'informazione contro la "censura". Un paio d'anni fa una televisione privata ha riproposto al pubblico in differita la scena della morte per infarto di un allenatore di calcio, avvenuta poche ore prima nello studio durante un'animata discussione. Di fronte alle proteste di parte dell'opinione pubblica, l'emittente si è giustificata invocando il "dovere dell'informazione", come se la notizia fornita dalla voce di un cronista non fosse sufficiente e fosse necessaria anche la conferma spettacolare (non in diretta, si badi, quindi non accidentale, bensì deliberata). Sarebbe come se delle persone che amiamo volessimo contemplare (o esibire) non soltanto l'immagine usuale, ma anche la nudità, e perfino la conformazione minuta degli organi interni. E la spettacolarità ha a che fare spesso con il corpo e con le sollecitazioni morbose che esso suscita.

La natura virtuale della realtà è stata colta da alcuni artisti e scrittori. Per esempio, molti sono i film in cui la realtà che ci circonda si scopre essere uno spettacolo o una finzione ingannevole: citiamo *The Truman Show* di Peter Weir e *Matrix* dei fratelli Wachowsky, che sono stati preceduti da libri come *1984* di Orwell, *Il congresso di futurologia* di Lem, *Il tempo si è spezzato* di Dick. E si ricordi che Cartesio si chiedeva se il mondo non fosse una perenne virtualità, cioè un ingegnoso inganno procurato ai nostri sensi da un demone malvagio. Non è privo di significato che certe grandi catastrofi reali (di per sé già spettacolari) si prestino alla propria spettacolarizzazione: l'affondamento del Titanic, la tragedia di Marcinelle, il crollo della diga del Vaiont e di recente lo tsunami nell'Asia sudorientale, l'uragano Katrina... Ma non è necessario che vi sia un precedente reale per costruire un film catastrofista e spettacolare. L'originale non precede più la copia. Insomma fa capolino il sospetto che la realtà sia tutta una grande messa in scena.

Scienza e spettacolo

La comunicazione dei "dati" tende a presentarsi con le vesti della neutralità oggettiva, ma i dati si situano sempre in un contesto e in una storia. I diversi osservatori conferiscono allo "stesso" dato valori (anche emotivi) diversi. Insomma i dati si collocano sempre, nella loro interazione con l'osservatore, in un quadro di riferimento semantico e pragmatico, valoriale ed emotivo. L'asserita oggettività del dato deve confrontarsi con queste coloriture eminentemente soggettive.

Tutto ciò vale in particolare per la divulgazione scientifica. Essa vorrebbe conformarsi alla proverbiale impassibilità asettica della scienza e asserisce di non voler suscitare le emozioni, contro le quali ergerebbe il baluardo dell'oggettività. In effetti se esiste una riconosciuta emozione di pensare, o meglio se l'attività cognitiva non si può separare dall'emotività (se non in certe psicopatologie gravi), tanto più imbevuta di emozioni è la divulgazione, che di fatto punta proprio su di esse per convogliare i suoi contenuti e suscitare interesse. Oggi, per l'intimo intreccio fra tecnoscienza ed economia, la ricerca ha sempre più bisogno di finanziamenti e quindi di consenso: il consenso si ottiene accentuando il lato spettacolare della scienza, compito che si è assunta la divulgazione. Il metamessaggio "questo è un risultato scientifico" si situa sullo stesso piano del metamessaggio "questo è un telegiornale", cioè non offre alcuna garanzia di oggettività; nel momento in cui la scienza lascia le sue torri d'avorio per assumere ampie valenze socioculturali e finanziarie, essa deve abbandonare anche la residua oggettività garantita dalla metodologia per assumere forme accattivanti e persuasive: in presenza di un pubblico la retorica della scienza si trasforma in spettacolo della scienza.

La tendenza a rendere la scienza uno spettacolo si manifesta, per esempio, nei musei e nei laboratori interattivi, dove si permette al pubblico di "giocare" con esperimenti (di solito di fisica elementare) che suscitano curiosità e stupore, forse anche interesse. Per non parlare dei "festival" della scienza, sempre più numerosi e rumorosi, la cui unica funzione sembra quella di mascherare il disinteresse crescente per l'attività scientifica svolta in prima persona. Ricordo che ai suoi esordi Georges Simenon si era fatto chiudere dentro una gabbia di vetro nell'atrio di un grande magazzino per scrivere un romanzo sotto gli occhi stupiti e ammirati del pubblico: forse qualche cliente avrà sentito nascere in sé la sacra fiamma della vocazione alla scrittura, fiamma forse necessaria, ma certo non sufficiente per diventare romanziere...

La natura spettacolare di queste impostazioni porta in sé una certa dose di mistificazione, perché assimila la scienza a un gioco, banalizzandola (e banalizzando le altre attività). Sono numerosi i titoli e i proclami che associano, o assimilano, scienza e gioco. Ormai come tutto è spettacolo, tutto è gioco, anzi più o meno lo stesso gioco, e così dopo aver giocato alla scienza, passiamo a un altro gioco, alla televisione o al computer, oppure dedichiamoci a uno spettacolo dichiaratamente tale come il cinema o il teatro, oppure a un corteggiamento, a una transazione finanziaria, o facciamo un viaggio, una vacanza... tutto colorito di virtualità spettacolare e giocosa. Il contrassegno "questo è un gioco" è talmente diffuso e universale che ormai diventa superfluo enunciarlo. Ci si domanda dove stia il confine tra il gioco e il non-gioco. Forse l'unico non-gioco che resta è la morte. Ma lo spettacolo non si ferma neppure davanti alla morte.

Parte Seconda: Reale o razionale?

Un colpo di manovella

Il sogno di meccanizzare il pensiero e, soprattutto, di esorcizzare le misteriose e inquietanti capacità del genio ha accompagnato tutto lo sviluppo dell'età moderna: che cosa sono l'*Ars Magna* di Raimondo Lullo, il *Teatro della Memoria* di Giulio Camillo Delminio, la *Characteristica Universalis* di Leibniz, la *Macchina Analitica* di Charles Babbage e via dicendo, se non estroflessioni cognitive, più o meno raffinate, ma sempre di natura automatica, capaci di fornirci con un sol colpo di manovella tutte le proposizioni "vere", tutti i risultati "esatti", tutti i teoremi "dimostrabili"? La stessa geometria analitica di Cartesio è una protesi mentale che, grazie a ricette meccaniche, consente anche ai deboli d'intelletto di dimostrare i teoremi più ardui della geometria, che altrimenti richiederebbero immaginazione, intuito e talento.

Del resto, già Aristotele aveva individuato nelle regole logiche le "leggi del pensiero" e l'ipotesi, non dimostrata, ma accettata senza troppe riserve, che il "pensiero pensante" e il "pensiero pensato" funzionino allo stesso modo ha dominato fino ai nostri giorni il panorama scientifico e psicologico. Si può rintracciare in questa presunta identità una delle radici, se non la più importante, dei tentativi di meccanizzare il pensiero, comprese le più recenti ricerche dell'intelligenza artificiale di tipo simbolico-algoritmico. Una spinta ulteriore in questa direzione venne ancora da Cartesio, il quale teorizzò la primazìa del pensiero sull'essere, assumendo il primo addirittura come prova del secondo, ed espresse questo dualismo nella polarità ontologica di *res cogitans* e *res extensa*. Asimmetrico, il dualismo, perché la *res cogitans* era nobile ed eterea, aveva a che fare con il soggetto e con lo spirito, la *res extensa* era vile e ingombrante, aveva a che fare con gli oggetti e con la materia.

Un residuo di questo dualismo si può ravvisare nella differenza che di solito si stabilisce tra *software* e *hardware*, differenza a torto ritenuta oppositiva e qualitativa, mentre di fatto si tratta di una differenza di grado (Longo 2001, nota 13 al primo capitolo). Anche Gregory Bateson distingue tra *Pleroma* e *Creatura*, tra mondo della materia e mondo della comunicazione, ma la sua è una distinzione epistemologica, non ontologica, che ha lo scopo di separare e caratterizzare le descrizioni e le spiegazioni relative al mondo della materia da quelle relative al mondo della comunicazione. Si tratta insomma di adottare per i fenomeni della Creatura (in sostanza quelli relativi agli esseri viventi, in particolare all'uomo) un metodo, un livello di osservazione e un linguaggio diversi da quelli che si adottano per i fenomeni fisici. La descrizione fisica di un fenomeno comunicativo non coglie quella che per noi è la sua essenza.

Tornando al sogno di meccanizzare il pensiero, il colpo di manovella che dovrebbe far scaturire dalla macchina mentale tutte le proposizioni vere provoca un'alluvione, dalla quale ci si può salvare solo scartando le proposizioni insignificanti e banali e ritenendo quelle interessanti e significative. La discriminazione, tuttavia, può essere compiuta proprio in base a quei criteri che si erano voluti evitare ricorrendo alla macchina mentale: criteri personali, perché "insignificante" e "significativo" sono sempre relativi a un soggetto, alle sue caratteristiche, alla sua storia, alla sua intuizione e capacità, ai suoi interessi. Il cieco automatismo della macchina non consente di adeguare le proposizioni generate ai *contenuti* della vita e dell'esperienza, quindi la complessità della persona e lo spettro del genio, cacciati dalla porta, rientrano dalla finestra. Le proposizioni vere, infatti, non sono sempre significative. E ciò che è significativo per me può non esserlo per te. Insomma, il criterio che guida gli uomini nella vasta e intricata foresta delle proposizioni (o dei fatti) è quello del *senso*, e la sua amministrazione non può essere affidata a una macchina (e neppure a un'altra persona): dev'essere assunto in prima persona, da cui l'importanza dell'"io" (*Due forme di conoscenza*, p. 76). Quindi non è solo il genio, ma è ciascun essere umano che rientra dalla finestra per riprendere il suo posto centrale di deputato alla scelta e allo smistamento delle proposizioni. Qui tuttavia voglio insistere sul genio, perché intendo sottolinearne le caratteristiche inventive.

Il timore del genio, della sua misteriosa e inquietante inventiva, della sua intuizione ingiustificabile e delle sue creazioni arbitrarie causa nelle persone comuni uno sgomento e un timore reverenziale che possono tramutarsi da un momento all'altro in avversione, odio e furore (*Il genio e la creatività*, p. 4). Molti si sentono rassicurati se possono conformarsi all'olimpica e serena medietà apollinea ed evitare le trasgressioni e gli eccessi dionisiaci, causati dal sottile e inebriante liquore mentale distillato dal genio, liquore che può anche farci uscir di senno. Ma non basta scansare il genio quando lo si incontra: bisogna renderlo innocuo. Poiché nessuno deve dare scandalo e tutti devono mantenersi sulla retta via, il genio va represso con un rimedio che ricorda i metodi e gli strumenti di contenzione tipici di una psichiatria pavida e autoritaria: un dispositivo unico che, filtrando la variabilità individuale, anzi reprimendola, metta genio e sciocco sullo stesso piano. Rimedio "democratico", che toglie forse ad alcuni il senso d'inferiorità e li tranquillizza, ma che certo provoca negli altri, nei "sedati", frustrazione e sofferenza e, da ultimo, rischia di atrofizzare e avvilire l'inventiva loro e quindi della collettività. Si tratta, insomma, di reprimere o sopprimere il cervello individuale a vantaggio di quello collettivo.

È curioso che anche geni del calibro di Hobbes, Leibniz e, in tempi più recenti, von Neumann e Piaget, abbiano aderito a questa visione e abbiano tentato di "smontare" i riposti ingranaggi del genio per consentire a tutti di copiarne il funzionamento (del resto questo smascheramento, questo smontaggio, questa scomposizione riduzionistica è ciò che si propone la scienza in tutti i settori della ricerca). Questa operazione è basata su una premessa epistemologica non dimostrata, cioè che il pensiero, in fondo, non sia altro che calcolo. Non solo calcolo numerico, certo, anche calcolo sillogistico e quant'altro, ma insomma: quando l'uomo pensa non farebbe altro che applicare a elementi cognitivi atomici un certo numero (piuttosto piccolo) di regole invariabili e acontestuali. Questa è anche la premessa fondamentale dell'intelligenza artificiale funzionalistica: basta rappresentare simbolicamente gli elementi e descrivere le regole in modo "chiaro e distinto", cioè mediante *algoritmi*, ed ecco che si può trasferire il calcolo (dunque il pensiero) da un supporto (il cervello) a un altro (il calcolatore), senza che le differenze tra i due supporti abbiano conseguenze di sorta: come pensava il cervello, così ora pensa il calcolatore. La funzione (il *software*) è tutto, la struttura (l'*hardware*) non conta. Così, sventrato il giocattolo e smascherato il meccanismo che fa muovere il genio, tutti potranno imitarlo.

Si tratta di un riduzionismo mentalista che ha le sue radici nel dualismo cartesiano ed è speculare al riduzionismo materialistico, anzi gli è identico: se tutto è mente, tutto è materia, e viceversa. Quello che conta, insomma, è lo scheletro logico, non la carne del supporto o i panni dei contenuti. Le cose in realtà non stanno proprio così: la struttura logica non è tutto, e il supporto materiale ha un'importanza straordinaria, perché la sua struttura fisica interagisce in maniera inestricabile con la funzione e la modifica (per esempio, introducendo ritardi temporali e trasformando i rapporti logici in rapporti di causa-effetto). Inoltre, per quanto riguarda gli esseri umani, i contenuti influiscono in modo determinante sul modo di ragionare e sull'efficacia e rapidità del ragionamento, e i contenuti hanno a che fare con la struttura, il corpo, l'ambiente e la comunicazione. La stessa struttura logica può far da supporto a contenuti diversissimi, ma se il contenuto è familiare o gradevole il soggetto ragiona in modo rapido e felice, se il contenuto è ostico o troppo astratto, il soggetto s'impunta e si avvilisce.

❝ La ricostruzione razionale del mondo

La tendenza a vedere nel funzionamento del pensiero l'azione di meccanismi precisi, di cui si può costruire una replica esterna, materiata in un dispositivo macchinico da cui sporge la famosa manovella, trova un riscontro altrettanto significativo nella convinzione che il mondo tutto sia una macchina che funzioni in base a leggi rigorose, invarianti e universali, esprimibili in forma matematica. La capacità (che qualcuno ha definito "irragionevole") della nostra matematica di descrivere la realtà fisica ha dato a lungo l'impressione che il formalismo avesse un valore *ontologico*: le equazioni non sarebbero solo un mezzo stenografico e allusivo, sarebbero proprio le regole cui i fenomeni *in sé* obbediscono. Di recente questa pretesa metafisica forte si è attenuata, e la matematica è stata ricondotta a funzioni meno essenziali e più pratiche: con essa costruiamo modelli utili e adeguati ai nostri scopi, ma la "realtà" rimane in una zona irraggiungibile.

Inoltre si ha sempre più la sensazione che la nostra matematica sia un prodotto storico e contingente, che affonda le sue radici in un processo evolutivo fisico, biologico e cognitivo che avrebbe potuto dare anche esiti diversi. Sono concepibili, anche se forse non immaginabili, altre matematiche e certo la matematica che possediamo si dimostra singolarmente inadatta ad affrontare problemi che escano dall'ambito fisico nel quale si è raffinata.

È curioso che questo ridimensionamento del ruolo della matematica sia stato seguito da una fioritura di ricerche e di risultati senza precedenti, come se l'eliminazione di quella pesante ipoteca metafisica avesse reso tutti più leggeri e audaci. Oggi, in fondo, sembra che della metafisica c'importi ben poco, ma, a ben guardare, anche questa è una posizione metafisica... o metametafisica. Tuttavia c'è stata un'altra conseguenza, forse meno gradevole: la volubile facilità con cui vengono costruiti i modelli fisico-matematici ha autorizzato una pretesa eccessiva, cioè che tutto si possa descrivere in termini di quei modelli. E qui si cade in quella iattura (e caricatura) della scienza che è lo *scientismo*.

La forza dirompente di questa posizione sta non tanto nelle grandi conquiste che la scienza fisica ha conseguito nei secoli e, quindi, nell'autorità del modello, quanto nella sua *semplicità* arrogante, che si esprime nella domanda "che cosa ci potrebbe essere nell'oggetto o nel fenomeno che stiamo considerando, anzi nella realtà tutta, se non entità fisiche e leggi esprimibili in termini matematici?" È ovvio che a questa domanda non si può rispondere che allargando le braccia, perché una risposta non riduzionista intanto richiederebbe di ammettere che vi sono cose che non sappiamo neppure di non sapere e, inoltre, richiederebbe un *cambiamento* di linguaggio (bisognerebbe forse abbandonare la parola e ricorrere ad altro) e un cambiamento di livello logico del discorso. Ma pochi sono capaci di effettuare questi cambiamenti, anche per una pressione sociale che si trasforma subito in intimidazione: chi non aderisce al riduzionismo scientista è oscurantista e retrogrado, simpatizza con i maghi e le fattucchiere, indulge a fumosità misticheggianti, si nutre di sogni e di chimere e via dileggiando. La scienza *seria* è, per definizione dei riduzionisti, quella dei riduzionisti.

Se, abbandonando le crociate e le polemiche viscerali, si cerca di usare la ragione e il giudizio, si è tuttavia costretti a riconoscere che il tentativo di ricostruire il mondo con gli strumenti del formalismo fisico-matematico incontra limiti ben precisi. Questi limiti si possono così riassumere: il pensiero pensante non funziona secondo gli schemi logici del pensiero pensato; la razionalità computante non riesce a dar conto del corpo, dell'inconscio, del femminile e quindi restituisce un'immagine del mondo gravemente monca; mantenendo il soggetto fuori del quadro, cioè separandolo dall'oggetto, il razionalismo rischia di trasformare il mondo (e noi stessi nel mondo) in una macchina "banale" (secondo la definizione di von Foerster[10]), che non riesce a dar conto di ciò che sentiamo di più intimo e importante: il piacere e l'angoscia, la felicità e l'infelicità, il coinvolgimento affettivo e sentimentale, gli aspetti etici ed estetici dell'esistenza e dell'esperienza, la pertinenza di questi aspetti alla persona singola nella sua irripetibile individualità esistenziale; si perde poi la storia, l'evoluzione, la nascita dell'informazione e della novità, tutto il mondo della comunicazione, si perde il fondamentale risvolto soggettivo dell'esperienza rappresentato dalla coscienza... Mi pare che ci siano elementi sufficienti per riconsiderare il problema.

Aristotele indicò nel sillogismo e in genere nella logica le regole del pensiero e questa strada fu praticata per oltre duemila anni (come ho già accennato, nell'Ottocento George Boole intitolava ancora *Investigazione sulle leggi del pensiero* il suo libro di algebra logica). Per molto tempo gli psicologi (e con loro i pedagoghi e i pedanti) si sono industriati di insegnare ai comuni mortali a pensare *bene*: costoro ritenevano ogni scostamento dalle regole della logica formale un *errore* dovuto alla stupidità, alla sprovvedutezza o alla leggerezza, e ponevano grande impegno, condendolo con un pizzico di sadismo, nell'escogitare problemi, detti "trappole cognitive", capaci di confondere le menti grosse delle persone ordinarie.

Ma è corretto adottare questo criterio di razionalità per giudicare il pensiero? In realtà le trappole cognitive sono utilissime, ma per motivi diversi, anzi opposti. Lungi dal dimostrare che gli esseri umani non sono capaci di ragionare come dovrebbero, esse dimostrano che la logica è un modello *inadeguato* del pensiero umano. Queste trappole somigliano alle (cosiddette) illusioni ottiche, le quali pure rivelano molto sui nostri meccanismi percettivi, plasmati dall'interazione filogenetica con l'ambiente. I meccanismi percettivi e cognitivi sono quelli che sono perché nel corso dell'evoluzione sono stati selezionati in base al loro valore di sopravvivenza. Solo nel mondo attuale, imbevuto di formalismo, di precisione e di astrattezza, il ragionamento logico comincia ad avere un valore che non ha mai avuto prima. Del resto anche il matematico ricorre alla logica solo nella fase di sistemazione, mentre nella fase creativa, quando insegue con ansia e passione il risultato che pare sfuggirgli, si vale di una panoplia di strumenti tutt'altro che rigorosi e consequenziali. Questo è un esempio lampante di coevoluzione retta da una retroazione positiva: la costruzione di un mondo artificiale logico-computante favorisce le caratteristiche logico-computanti degli umani, che a loro volta sono spinti ad accentuare queste caratteristiche nella loro costruzione dell'artificiale, e così di seguito. Ma fino a che punto può reggersi questa spirale?

Oggi si è cominciato a capire che la nostra razionalità ha un ambito di applicazione limitato e che di norma l'uomo ricorre a robusti strumenti collaterali, basati sull'interazione dialogica con gli altri. Intanto siamo animati da una forte volontà di cooperazione comunicativa, poi ci immedesimiamo negli altri, costruendo di continuo ipotesi su ciò che essi pensano: quindi la nostra mente opera in un *circolo ricorsivo*, in cui è impossibile separare le sue immagini da quelle che essa attribuisce agli interlocutori. Di solito quindi pensiamo, e agiamo, non sulla base di una realtà esterna, ma in base alle nostre immagini mentali di quella realtà: la realtà è sempre percepita e ri-costruita e questa ricostruzione riguarda anche ciò che gli altri pensano (o sembrano pensare), fanno o stanno per fare o hanno intenzione di fare. Una conferma fisiologica di questo carattere sociale e condiviso della nostra attività pratica, motoria, cognitiva ed emotiva è stata fornita dalla scoperta, avvenuta negli anni ottanta e novanta, dei neuroni specchio (Rizzolatti e Sinigaglia 2006).

Come ho già accennato, è emersa anche l'importanza fondamentale del contesto e dei contenuti: un problema formulato in termini che facciano riferimento alla quotidianità viene risolto in genere con molta più facilità dello stesso problema formulato in termini astratti, e ciò rafforza l'impressione che gli esseri umani non siano molto portati per l'artificialità del formalismo. I linguaggi e gli strumenti astratti e acontestuali sono fragili, anche se raffinati. Il calcolatore, e anche le altre "macchine mentali", come la matematica e la logica, sono protesi che suppliscono alla debolezza umana in un settore nel quale ce la caviamo piuttosto male, anche perché, in fondo, per tradizione evolutiva, finora non è stato mai tanto importante. Per lo stesso motivo, queste macchine sono lontane dalla complessa e robusta realtà della nostra mente e del mondo che ci circonda e che ci sta a cuore. Se il calcolatore ha un'intelligenza, essa è davvero *artificiale*.

Le sorprese del calcolatore

Per apprezzare il divario tra la mente naturale e la sua ricostruzione logico-simbolica, basta pensare alle difficoltà che suscita la nozione di "macchina intelligente". Per esempio, si può dire che una macchina è intelligente perché risolve problemi logici o dimostra teoremi matematici o batte a scacchi i grandi maestri? La gran parte delle persone non dimostrano teoremi, non giocano o giocano molto male a scacchi e nella loro vita non producono niente di originale in campo scientifico, ma non per questo neghiamo loro l'intelligenza (anche perché fanno molte altre cose). Di recente Selmer Bringsjord ha argomentato che gli scacchi sono troppo semplici e astratti perché una macchina che se la cavi bene in questo giuoco possa essere considerata intelligente e ha proposto, come criterio d'intelligenza per i calcolatori la capacità di scrivere una storia. Ma questa proposta, che mi piace perché sottolinea l'importanza del legame tra il sottosistema candidato all'intelligenza, la narrazione e il mondo, presta il fianco alla stessa obiezione: un uomo che non abbia mai scritto una storia, o che non sappia scriverne, dev'essere dichiarato stupido o intronato? Direi di no, mentre un programma allestito per scrivere racconti e che non sappia farlo è certamente dichiarato stupido o fallito!

Perché dunque consideriamo gli esseri umani e le macchine con criteri così diversi quando si tratta di attribuir loro intelligenza e creatività? Questa differenza di atteggiamento rispecchia, in definitiva, le enormi innegabili differenze tra l'intelligenza umana, che s'immedesima nelle menti altrui cercando di rispecchiarle, pesca nel mondo e nell'evoluzione bio-fisico-culturale ed è a spettro larghissimo, e le prestazioni ristrettissime, "monocromatiche", delle macchine, che sono immerse in un esile universo binario costruito *ad hoc* dal programmatore e che non sanno (ammesso che qui il verbo "sapere" abbia senso) che cosa ci possa essere là fuori nel vasto mondo (e non sanno neppure di non saperlo).

Ma non voglio insistere su questo punto, che è già stato anche troppo dibattuto. Vorrei invece sottolineare una conseguenza inaspettata dell'impiego del calcolatore. Costruita per razionalizzare, ordinare e dar precisione a un mondo confuso e approssimativo, questa macchina ha avuto anche un effetto in certo qual modo contrario: consentendo di andare a fondo nei particolari esecutivi delle procedure, ha messo in luce quelle che sono le inevitabili imprecisioni e vaghezze della realtà conoscibile. Il calcolatore *complessifica* – anziché semplificare – la descrizione della realtà e questo suo effetto inatteso lo rende molto diverso dalla macchina matematica tradizionale, la cui stessa fondazione, cioè la costruzione dei numeri, si compie mediante un'*astrazione semplificativa*. In altre parole, il passaggio dagli eventi e dagli oggetti al numero avviene grazie a un sacrificio: alcune differenze (cioè informazioni), anzi quasi tutte le differenze, vengono soppresse e solo alcune vengono lasciate sopravvivere. La regola così cara agli insegnanti per cui si possono sommare solo elementi *omogenei* (anzi la nozione stessa di omogeneità) deriva dall'introduzione di una *relazione di equivalenza* basata sull'eliminazione di certe differenze (*La formalizzazione*, p. 67).

Mantenendo tutte le differenze si otterrebbero classi di equivalenza contenenti ciascuna un solo elemento. Eliminando certe differenze si identificano elementi (eventi, oggetti, fenomeni) potenzialmente diversi e distinguibili. La negazione della diversità comporta una perdita irreversibile d'informazione utile per effettuare classificazioni o equivalenze più fini. Al principio della matematica vi è dunque una perdita irreversibile di informazioni o di qualità: in questo senso, *il numero è l'antitesi dell'informazione*. La fondazione della matematica è insomma un procedimento di costruzione di una *mappa* a partire dal *territorio*: sulla mappa vengono riportate solo le informazioni che interessano il cartografo in quel momento, le altre vengono eliminate. Ma, come diceva Korzybski, la mappa *non è* il territorio.

Del resto anche la fisica galileana si basa sulla soppressione delle cosiddette qualità secondarie, cioè su una forte riduzione dell'informazione. La riduzione non è arbitraria (come non lo è in matematica), anzi mira a ottenere una formulazione rigorosa di una sorta di pre-teoria, in parte prefigurata e intuita, anche se in forma vaga. Osserviamo esplicitamente che i due procedimenti di riduzione e semplificazione in matematica e in fisica, ben armonizzati tra loro, sono alla base del loro accordo, mirabile anche se parziale, che tanto stupisce gli studiosi. In altre parole, la descrizione fisica dei fenomeni viene semplificata quel tanto che consente alla matematica, anch'essa semplificata al punto giusto (di fatto, linearizzata), di darne una descrizione plausibile. Invece il calcolatore ci consente di guardare più a fondo, di tener conto di alcuni termini non lineari, e così il quadro si complessifica.

Insomma, la (ri)costruzione formale e rigorosa del mondo distrugge molta informazione e tende all'uniformità della descrizione-spiegazione in nome del riduzionismo fisico-matematico. Inoltre, con l'affidarsi alla "macchina" del formalismo, mette a rischio l'inventiva. Un'altra perdita grave riguarda il corpo e le sue capacità cognitive. Uno dei pregiudizi più radicati della nostra civiltà, che si può far risalire ai Greci, ma che si è accentuato nell'età moderna, è quello secondo cui conoscere qualcosa o saper fare qualcosa equivarrebbe ad averne una *teoria*, cioè una descrizione analitica, rigorosa ed esauriente, magari squadernata sotto forma di regole o algoritmi. Questo pregiudizio è strettamente intrecciato con un altro, secondo il quale l'intelligenza che dimostra un teorema matematico sarebbe superiore a quella che ci fa distinguere il volto di un amico da quello di un nemico o che ci fa attraversare incolumi una strada piena di traffico. In effetti tutti noi ci comportiamo in modo intelligente nel mondo (cioè riusciamo a sopravvivere) pur non avendone una teoria e l'intelligenza astratta della mente non potrebbe esistere se non ci fosse l'altra, robusta e implicita, incarnata nella struttura e nelle funzioni del corpo e nella sua prontezza all'azione.

La negazione del corpo e la preminenza accordata alla razionalità pensante o addirittura computante ha una delle sue radici più robuste nel *cogito* cartesiano. Ma ho sempre più l'impressione che Cartesio abbia costruito la sua filosofia su una grande e devastante rimozione: dell'inconscio e del femminile, cioè di quel luogo oscuro e baluginante cui tendiamo di continuo, il luogo della germinazione prima, dei defunti, delle premonizioni, dei consanguinei, dei figli. Un luogo dal quale ci siamo sforzati di uscire per riscattarci dalla condizione umana, ma che non cessa di chiamarci con una voce che si ode quando si attenua o tace il frastuono del mondo e delle macchine. Questo luogo, che la razionalità rifiuta, è il punto delicato e sensibile in cui incontriamo noi stessi per diventare ciò che siamo, e riflette il carattere elusivo e peculiare della nostra umanità. Portiamo in noi il marchio di tutte le cose, e anche dell'ombra dalla quale siamo usciti. Quali perdite comporterebbe il distacco volontario dalla nostra linea germinale per affidarci unicamente alla ricostruzione formale del mondo? Questo rifiuto della nostra storia psicobiologica significherebbe (come la storia ci ha insegnato) un depotenziamento del corpo e delle sue istanze fondamentali, una svalutazione dell'inconscio e una negazione della femminilità. Ce n'è d'avanzo per diffidare di questo passo, anche alla luce di ciò che avviene e avverrà nel campo della procreazione "su misura".

Inoltre il lungo tentativo della scienza occidentale di tradurre in conoscenza alta, razionale ed esplicita la massa delle conoscenze corporee e implicite incappa nell'ostacolo tipico di ogni processo di traduzione, cioè l'*incompletezza*. Rimane pur sempre un residuo ostinato, una cicatrice insanabile che ci ricorda come la traduzione sia un'impresa impossibile, perché vorrebbe o dovrebbe essere un'applicazione totale del mondo su sé stesso (Appendice D).

Per quanto riguarda il corpo, si può dire che il dualismo cartesiano derivava forse da un impoverimento eccessivo del concetto di *res extensa*, cui, non potendosene valutare la straordinaria e raffinatissima complessità, venivano attribuite solo proprietà meccaniche elementari: sta di fatto che tutta la nobiltà veniva conferita all'attività pensante, mentre il corpo veniva degradato a mero supporto (questo riduzionismo meccanicistico, culminato nella concezione dell'*uomo-macchina* di La Mettrie, doveva peraltro portare a ingenti progressi in campo anatomico e in genere medico: così anche la medicina moderna nacque a prezzo di un sacrificio doloroso, quello dell'unità della *persona*).

La svalutazione del corpo obbediva anche a una certa visione del cristianesimo, che, pur riconoscendo nel *corpus vile* l'immagine della divinità, non cessava di considerarlo con sospetto per la sua riottosa propensione al peccato. Inoltre questo greve complesso di organi e apparati è affetto da malattie, è ostello di dolore e di sofferenza e marcia rapido verso la dissoluzione: come possiamo considerarlo fonte e sede di attività superiori? Il riscatto da un destino di malattia e di morte può avvenire solo attraverso un pensiero astratto e rigoroso e attraverso l'incarnazione di questo pensiero in una struttura inorganica immarcescibile, per esempio quella dell'automa: vogliamo essere di incorruttibile metallo (Longo 2003).

La coimplicazione

Come ho già accennato, uno dei presupposti del riduzionismo e della spiegazione razionale è che il soggetto e l'oggetto della conoscenza possano essere separati e, in più, che il soggetto possa osservare l'oggetto da un punto archimedeo situato a distanza infinita, sottraendosi così a ogni influenza e interazione con quello. Le affermazioni di Laplace sulla prevedibilità dell'evoluzione dell'universo erano in sostanza basate su questo presupposto, perché, se avesse dovuto collocare nel quadro anche sé stesso, le sue pretese deterministiche avrebbero perso ogni fondamento.

Lucrezio, che aveva una visione meno ristretta, aveva cercato di tener conto dell'indeterminismo, del caso e del libero arbitrio mediante il *clinamen*, un allontanamento stocastico dalla traiettoria rettilinea seguita dagli atomi nella loro eterna caduta. La conseguenza fondamentale del *clinamen* in ambito etico è la giustificazione della libertà dell'agire: deviando casualmente dal loro ferreo destino, gli atomi spezzano la necessità meccanicistica del mondo e aprono uno spazio in cui si collocano il libero arbitrio, la responsabilità e quindi l'etica:

> Infine, se sempre ogni movimento è concatenato
> e sempre il nuovo nasce dal precedente con ordine certo,
> né i primi principi deviando producono qualche inizio
> di movimento che rompa i decreti del fato,
> sì che causa non segua causa da tempo infinito,
> donde proviene ai viventi sulla terra questa libera volontà,
> donde deriva, dico, questa volontà strappata ai fati,
> per cui procediamo dove il piacere guida ognuno di noi
> e parimenti deviamo i nostri movimenti, non in un tempo
>   determinato,
> né in un determinato punto dello spazio, ma quando la mente
>   di per sé ci ha spinti?
> Difatti senza dubbio in ognuno dà principio a tali azioni la sua
>   propria
> volontà, e di qui i movimenti si diramano per le membra.

De rerum natura, II, 251 e seguenti

Il presupposto di Laplace diviene insostenibile quando si vogliano affrontare certi fenomeni in cui l'uomo e il contesto sono appunto in stretta interazione: da una parte i fenomeni microscopici studiati dalla meccanica quantistica, dall'altra i fenomeni che riguardano l'emozione, l'estetica, l'etica e la comunicazione, cioè quelli tipicamente *creaturali*, che gli strumenti della descrizione fisico-matematica anatomizzano senza poterne rendere un'immagine sensata. In questi casi, soggetto e oggetto si coinvolgono e si ritrovano all'interno di un unico metasistema che da loro trae senso e che a sua volta dà loro senso. Come dice Marcello Cini:

[Il soggetto] acquista una "conoscenza" dell'oggetto di natura diversa, perché non è più un soggetto esterno, ma diventa un soggetto "interno" a un metasistema che lo comprende insieme all'oggetto, e questo coinvolgimento induce in lui, in quanto organismo integrato di cervello e di visceri, un insieme di reazioni fisiche e mentali diverse da quelle che provoca in lui l'esperienza di chi descrive dall'esterno in che modo altri soggetti interagiscono con gli oggetti con i quali sono a loro volta coinvolti attraverso intense esperienze emotive. (Cini 1999)

Quando il soggetto (considerato nella sua inscindibile unità di mente e corpo) e l'oggetto si trovano coimplicati, il flusso d'informazione si struttura in un *circolo*, tipico dei fenomeni di *auto-organizzazione*, dai quali scaturiscono proprietà "emergenti" che non si riscontrano nelle componenti in interazione. Questo è un argomento forte per sostenere la necessità di più forme di conoscenza, di descrizione e di spiegazione tra loro irriducibili, ciascuna delle quali illumina un aspetto o livello del fenomeno. Non esistono verità assolute attingibili adottando un'unica descrizione o un unico punto di vista. Come afferma con forza Cini, il riduzionismo logico-matematico è insensato come il riduzionismo sentimentale.

Come abbiamo visto in *La mappa è il territorio* (p. 127), per Francisco Varela la coimplicazione di soggetto e oggetto è sempre all'opera. La si riscontra, per esempio, nell'interazione circolare tra la mente propria e le menti altrui, da cui scaturisce una sorta di mente sociale. Tutti i processi cognitivi emergono da un circolo di questo tipo, immerso nel concreto, nella storicità incorporata, nel contesto biologico vitale. Insomma, al contrario di quanto sostiene la tradizione cartesiana, il mondo che noi percepiamo e in cui agiamo si forma nell'interazione circolare coimplicante, da cui scaturiscono sia l'immagine che noi ci formiamo di esso sia il modo che adottiamo per offrirci alle sue azioni. Osservo soltanto che si potrebbe partire di qui per recuperare l'aspetto *qualitativo* dell'informazione: la qualità è una sorta di reciproco adattamento armonico (appunto *enattivo*) tra soggetto e oggetto, che è la base dell'esperienza estetica e dell'agire etico.

164

66

Il senso e la narrazione

La coimplicazione ci offre un'altra ragione forte per riconsiderare la posizione dell'"io" e quindi il rapporto tra discorso scientifico e narrazione. Proprio perché l'"io" è coimplicato nel mondo, nella conoscenza del mondo e nell'azione nel mondo, la sua non può essere una posizione estranea, archimedea. Il soggetto ridiventa titolare di tutte le esperienze, di tutti i fenomeni e di tutte le attività. L'oggettività rivela la sua insufficienza e le si devono affiancare la percezione soggettiva e la coscienza individuale con il suo particolarissimo punto di vista, unico e intraducibile. Di conseguenza torna in primo piano la narrazione, portatrice della centralità dell'"io" e dell'ineludibilità dell'esperienza personale. La narrazione conferma così la sua essenza conoscitiva, etica ed estetica, il suo contenuto emozionale, la sua valenza esperienziale, il suo bisogno di espressione. Sopprimere la narrazione non è possibile.

Conclusione

Accanto al crollo dei confini esterni, fisici, geografici, economici ed epidemiologici dovuto alla globalizzazione, si osserva oggi anche la caduta di limiti interni, di carattere etico: è questo uno degli effetti più cospicui, sotto il profilo psicologico, dei successi della scienza e della tecnica. La ricostruzione del mondo operata dalla razionalità scientifica e dall'efficienza tecnologica ha aperto prospettive grandiose, di fronte alle quali cadono, uno dopo l'altro, i limiti, i tabù e gli scrupoli tradizionali. Nascono (o rinascono) così i *miti* dell'onniscienza, dell'onnipotenza e dell'immortalità, che incarnano aspirazioni umane vecchie come il mondo.

A proposito di questa ambizione razional-computante, vorrei citare ciò che scrive Konrad Lorenz nel libro *Gli otto peccati capitali della nostra civiltà*:

Credere che faccia parte del patrimonio stabile dell'umanità soltanto ciò che è comprensibile per via razionale, o addirittura soltanto ciò che è scientificamente dimostrabile, è un errore che comporta conseguenze disastrose [...] che induce a gettare a mare l'ingente tesoro di conoscenze e di saggezza contenuto nelle tradizioni di tutte le antiche culture e nelle dottrine delle grandi religioni universali [e a] vivere nella convinzione che la scienza sia in grado di dar vita dal nulla, unicamente per via razionale, a una intera cultura, con tutto ciò che essa comporta.

È un'indicazione forte sulla ricchezza non computabile del mondo, dell'uomo e della civiltà, che non dovrebbe essere sacrificata al mito della razionalità tecnoscientifica.

Questo mito si fonda, tra l'altro, sull'asserita possibilità di tradurre tutto il "mondo reale" in conoscenze esplicite e consapevoli. Forse abbiamo sopravvalutato l'importanza della coscienza alta, manifesta, e della presenza a sé stessi come fenomeno continuo, unitario e unificante del sé. Già Freud sosteneva che gran parte della nostra attività mentale è inconsapevole, e Varela aggiunge che molti processi mentali non potranno e non dovranno mai giungere alla coscienza: la consapevolezza rallenta i processi mentali e le conseguenti azioni corporee, mettendo a repentaglio la nostra capacità di agire e di sopravvivere in un mondo nel quale siamo "in presa diretta".

Secondo molti studiosi del cervello, l'inoppugnabile sensazione soggettiva del sé continuo è un'illusione: la mente non sarebbe un'entità continua e unificata, bensì una famiglia di attività e percezioni (in gran parte inconsce) animate da un'incessante dinamica. Perché allora questa sensazione di un flusso di coscienza continuo, di un sé unitario che viene riassunto da questo pronome "io" così ingombrante? L'"io" deve avere un forte valore di sopravvivenza: anche le illusioni possono essere utili. Ma che cosa significa "illusioni"?

Sembra che il nostro cervello elabori continuamente delle narrazioni sul mondo e sulla nostra presenza e attività nel mondo: queste narrazioni esprimono e interpretano sentimenti, sensazioni, credenze e comportamenti e ne traggono delle descrizioni-spiegazioni sul funzionamento del mondo. Queste spiegazioni narrative (in particolare scientifiche) ci sono indispensabili per vivere: ma il mondo nel quale così viviamo è un mondo "ricostruito". C'è, nella storia del pensiero occidentale, un tenace pregiudizio, che risale (ancora!) alla filosofia greca, secondo il quale la nostra mente è uno strumento (anzi *lo* strumento) per la ricerca della *verità*. La scienza ha ereditato questa convinzione. Certo, ogni tanto prendiamo un abbaglio, ma non c'è nulla nella mente che le impedisca, prima o poi, di costruirsi un quadro veritiero della realtà.

Tuttavia, se accettiamo la lezione darwiniana, dobbiamo ammettere che la nostra mente, al pari di quella degli altri animali, serve a mantenerci in vita nel mutevole ambiente che di volta in volta ci circonda: il parametro di valutazione della mente non è la sua capacità di raggiungere la verità, ma la sopravvivenza della specie. Non siamo, come sembrano suggerire il mito platonico e l'intelligenza artificiale funzionalista, menti astratte e dedite alla ricerca che si sono trovate, loro malgrado, catapultate in un greve corpo animale: di fatto siamo animali e la nostra mente è un prodotto dell'evoluzione al pari dell'apparato digerente[11].

Non ci sono motivi, se non ideologici o metafisici, per ritenere che la mente, che ci serve per stare al mondo, trovare cibo e cercare un altro individuo con cui accoppiarci, ci fornisca un'immagine "veritiera" della realtà. È vero che l'uomo ha una razionalità che gli altri animali non possiedono e che gli ha permesso di sviluppare un imponente edificio sociale, culturale e scientifico; ma è anche vero che l'uomo possiede una capacità mitopoietica e autoillusoria senza pari. Ed è proprio la ricerca scientifica che oggi ci fornisce dell'uomo un quadro diverso da quello che abbiamo ereditato dalla filosofia tradizionale e dalle religioni, un quadro più umile e disincantato. Siamo animali opportunistici, che tendono tuttavia ad assolutizzare i loro strumenti occasionali. La mutevolezza storica di questi strumenti e delle immagini che essi ci offrono del mondo e di noi stessi nel mondo dovrebbe renderci più cauti, più umili. Dovrebbe, anche, infonderci una buona dose di autoironia. Forse ci prendiamo troppo sul serio. Ma forse anche i risultati della scienza, che prendiamo – appunto – tanto sul serio, fanno parte della grande illusione: senza illusioni non riusciamo proprio a vivere.

NOTE

1 In realtà Gadda oscilla tra lo sforzo di impartire ordine al mondo, comprimendone l'abbondanza, e l'attenzione a non amputarne la sterminata ricchezza. Da una parte dunque egli ricerca le cause degli eventi per dar loro un ordine razionale; questo tentativo peraltro non giunge ad avere valore predittivo e si arresta a un certo grado di approssimazione (come nell'analisi matematica di un fenomeno fisico mediante gli sviluppi in serie). È solo *a posteriori* che si può tentare di dare un significato preciso e deterministico ai fenomeni indagati. Per un altro verso, nel tentativo di non menomare la florida esuberanza del reale, Gadda si sforza di rispecchiarla nella sua scrittura, che assume un carattere "barocco": ma per l'ingegnere "barocco è il mondo", nel senso che è complicatissimo, è dotato di una minuziosissima ricchezza di dettaglio e manifesta una proliferazione senza fine di particolari, per cui solo una matematica più flessibile e sinuosa di quella classica potrebbe rendergli giustizia almeno parziale. Questo spiega l'interesse di Gadda per Leibniz e per la sua analisi differenziale, che punta alla radice generativa della ricchezza fenomenica. Specularmente, Gadda accende una lingua più articolata, elencatoria e polipesca di quella ordinaria, per tentare di rendere l'inesauribile ricchezza del mondo, amplificandone ogni minuzia e ogni particolare e generando così una sorta di curva frattale che diviene addirittura grottesca nel ricorso al calcolo infinitesimale e alla microscopia. (Antonello 2005).

2 La parola esercita il controllo sul mondo e la logica a sua volta controlla la parola. Questa concatenazione suggerisce che il mondo sia governato dalla logica e abbia quindi una struttura razionale. La forza di suggestione esercitata dalla scoperta della logica, del numero e in genere del formalismo è immensa. L'idea che il mondo tutto sia retto da rapporti numerici e più ampiamente matematici, espressa da Pitagora e ripresa, con il conforto della sperimentazione, da Galileo, giunge fino ai nostri giorni. Nell'ambito del cristianesimo, quest'idea porta ad attribuire a Dio la volontà di creare un mondo retto dalla razionalità computante e quindi accessibile alla ragione dell'uomo. È in primo luogo questa *conoscibilità* del reale che autorizza e consente lo sviluppo della scienza: essa ne è condizione necessaria e sufficiente (anche se col tempo lo sviluppo della scienza entra in rotta di collisione con i dogmi di fede, che si evolvono molto più lentamente). In altre civiltà lo studio della natura non è incoraggiato o è esplicitamente proibito o semplicemente è impossibile perché la religione (la filosofia) non attribuisce al mondo carattere razionale. Che la realtà abbia struttura matematica e razionale, e non per esempio casuale o arbitraria, è un'ipotesi metafisica forte che, nella scienza moderna sembra corroborata dal felice ancorché misterioso accordo tra fisica e matematica, sul quale molto si è dibattuto. Nel corso dei secoli, tuttavia, la lingua matematica in cui sarebbe scritto il libro della natura non è stata sempre la stessa: Pitagora pensava ai numeri interi e ai lori rapporti, Galileo pensava alle figure geometriche e alle proporzioni razionali, Leibniz e Newton foggiarono gli acuminati strumenti del calcolo differenziale, oggi si ricorre alle strutture frattali, alle geometrie non euclidee, agli spazi a molte dimensioni... Quale sia la "vera" struttura del mondo non è dato sapere. Quanto alla struttura che emerge dalla nostra interazione con la realtà, essa ha carattere storico e mutevole e il suo esito non è dato prevedere. Mi riferisco com'è chiaro a quegli aspetti del mondo che sono indagati dalla fisica: gli altri, quelli più direttamente legati all'uomo, ai suoi sentimenti, ansie e aspirazioni, e in genere al *senso* della vita, sono più elusivi, e non sembrano suscettibili d'indagine mediante gli strumenti della logica e della matematica.

3 Una particolare evoluzione del corpo, non so se possibile o soltanto ipotetica è collegata a quel particolare aspetto del postumano che si potrebbe chiamare "postumano in codice", una versione particolare ed estrema del postumano, caratterizzata dalla prevalenza assoluta dell'informazione sul suo supporto materiale (il corpo). Nel postumano in codice il corpo è divenuto superfluo, anzi è addirittura scomparso. O meglio: è diventato indifferente, è stato sostituito da un supporto arbitrario, che serve solo a contenere lo sciame di bit che ne descrivono la struttura. In questo postumano, insom-

ma, ciò che conta non è la materia, l'*hardware*, bensì il *software*. Si postula che l'informazione contenuta nel mio corpo si possa estrarre e introdurre pari pari in un altro corpo, in una macchina, nella ferraglia e nel silicio di un robot. Se l'identità di un Sé consiste in una certa configurazione neuronale, in un insieme di forme d'onda, allora il corpo diventa una sede occasionale e trascurabile di quel Sé, che può essere trasferito in qualunque altro supporto. Il corpo cesserebbe di essere ciò che è sempre stato: il segno distintivo ultimo dell'identità individuale. Alcuni invece ritengono che il corpo codificato e poi reincarnato sarebbe solo un *simulacro* di corpo, che non ne conterrebbe tutta l'essenza. Insomma se volessimo dissolvere il corpo trasformandolo in uno sciame di bit in attesa di nuova destinazione non potremmo farlo fino in fondo: non potremmo travasare nel *software* tutta la resistenza e la durezza e la ricchezza della materia e quindi la reincarnazione sarebbe incompleta. Il corpo continuerebbe dunque a essere l'orizzonte assoluto della nostra esistenza, l'ultimo ostacolo all'immersione totale nella virtualità. Il corpo reale non si potrebbe ridurre a un fantasma etereo, imponderabile, angelico o demoniaco, da creare e manipolare per via artificiale. Nella costruzione del simulacro la mediazione filtrante del codice sarebbe cruciale e questa mediazione sottrarrebbe al corpo la sua caratteristica più importante, quella di essere immerso in un *contesto* e in una *storia* in cui la materialità è fondamentale. Per ora si tratta di speculazioni, ma può darsi che i progressi della tecnologia le rendano presto molto concrete.

4 Che i nostri calcoli siano faticosi e sempre in ritardo, e anche poco precisi, rispetto ai "calcoli" che fa il mondo è abbastanza evidente: è un po' ciò che accade alla mente consapevole rispetto al corpo. Se con la lentezza analitica che le è propria la mente cosciente volesse calcolare i movimenti che deve compiere il corpo per poi impartirgli i comandi, la cosa potrebbe rivelarsi disastrosa. Il corpo sa calcolare i movimenti utili con una rapidità quasi fulminea. Questa capacità si è affinata per via filogenetica e si precisa in ciascuno di noi nel corso dell'esistenza. Con questo non intendo sostenere che il corpo, e più in grande l'universo, siano dei calcolatori nel senso della mente computante o delle macchine. Si tratta più che altro di un abuso linguistico, o di una metafora che bisognerebbe approfondire: nel corpo e nel mondo sono all'opera miriadi di meccanismi oscuri, di congegni complicati, di operazioni intrecciate e silenti che si armonizzano tra loro per dare qualcosa che somiglia forse all'istinto degli insetti. In un certo senso, tutto questo lavoro è "calcolo", ma è dotato di una robusta innervatura materiale, di una propensione esecutiva immediata, di una concretezza che i nostri calcoli non posseggono in pari grado. Se riuscissimo ad abbandonare il condizionamento della mente e a rifarci alla muta fulmineità del corpo forse potremmo capire meglio la natura di questi calcoli: ma come si potrebbe recuperarne la descrizione o anche solo la comprensione senza la lingua e senza la mente? Non dimentichiamo che il corpo ha seguito per millenni le leggi della fisica (anche microscopica) senza che noi ne fossimo consapevoli: è solo più tardi che la mente ha cominciato a cercare di tradurre quelle capacità implicite in un linguaggio esplicito.

5 Questo disinteresse si manifesta in un accentuato calo delle iscrizioni alle facoltà scientifiche, le cui cause sono molteplici, ma che comprendono anche una certa delusione nei confronti della scienza. È paradossale che, allo stesso tempo, si osservi uno straordinario aumento di popolarità per gli aspetti esteriori, ludici e spettacolari della scienza: i festival della scienza si moltiplicano e i libri di divulgazione segnano tirature da primato. Della scienza e della tecnica sono messi in luce gli aspetti accattivanti e le mirabolanti promesse, mentre rimangono in ombra sia gli aspetti tecnici e le finezze epistemologiche, sia le implicazioni sociali ed etiche che solleva l'attività scientifica (*Scienza e spettacolo*, p. 149). Uscendo dalle torri d'avorio e dai piccoli laboratori faustiani e intrecciandosi con la tecnica, con l'economia e con la società tutta, la ricerca scientifica ha perso i suoi tradizionali connotati di libertà e di gratuita irresponsabilità e deve sottostare a due tipi di vincoli. Da una parte ha sempre più bisogno di soldi e ciò la sottopone alle imposizioni dei finanziatori, perché chi paga pretende un ritorno e tende a sostenere solo le ricerche *redditizie*. Per un altro verso le conseguenze dell'attività scientifica riguardano tutti, quindi il pubblico, giustamente, vuole non solo essere informato, ma anche esercitare un controllo su ciò che fanno i ricercatori. Mentre poco possono fare per sottrarsi al vincolo finanziario, gli scienziati tentano di liberarsi dal controllo sociale invocando la "libertà di ricerca", locuzione che assume una tinta francamente umoristica, trattandosi pur sempre di una libertà vigilata dal capitale. Il vincolo sociale, d'altra parte, si presenta con una forte connotazione etica e precauzionale. È come se la società innestasse sulla scienza un *organo etico* di controllo, una sorta di protesi o imbrigliatura molto più fastidiosa del filtro finanziario, perché in cambio delle limitazioni che impone sembra non dare nulla. Per sottrarsi a questa pastoia e riacquistare almeno una parvenza dell'antica libertà, la scienza deve mostrare alla società un volto benigno, anzi provvidenziale, dichiarandosi capace di portare l'umanità verso traguardi sfolgoranti: onniscienza, immortalità... Ma si tratta di traguardi dubitosi, gravidi di incognite e di rischi, sui quali è imprudente ostentare sicurezze. D'altra parte, come si fa a presentare al pubblico ignorante i problemi in tutta la loro complessità? Si rischierebbe di smorzarne l'entusiasmo. Per continuare ad agire in libertà, sia pur vigilata, la scienza deve dunque, in sostanza, fingere. In ciò l'aiuta, all'insegna di un autoinganno più o meno consapevole, uno stuolo di volonterosi corifei, di intellettuali progressisti e di divulgatori inossidabili, tutti più o meno beneficiari degli utili e della riconoscenza che la scienza raccoglie. In questo modo, con una sapiente e concertata operazione di anestesia, la scienza neutralizza l'organo etico e precauzionale che la società le ha imposto per filtrarne l'attività. Ma, proprio per la sua unanimità, questa declamatoria opera di persuasione finisce col generare diffidenza e la diffidenza può tramutarsi in ostilità. I ricercatori reagiscono con tracotanza e il divario si allarga a frattura. Di qui le "fughe nell'irrazionale", come le definiscono gli scienziati: ma spesso si tratta del tentativo di non banalizzare problemi complessi e di non svendere tradizioni, credenze radicate e sentimenti profondi sulle bancarelle del pensiero unico e omologante. Tanto più che, paradossalmente, proprio la divulgazione scientifica ha fornito a una platea sempre più vasta e sempre meno ignorante nozioni e strumenti che le consentono di compiere un'analisi critica di quanto viene proposto dagli specialisti.

6 Come si è detto in *Etica ed estetica* (p. 32), una delle scoperte più importanti nell'ambito della comunicazione riguarda l'arbitrarietà dei codici, cioè dei segni usati per lo scambio dell'informazione. Questo carattere arbitrario ha importanti conseguenze sull'etica e sull'estetica. In particolare, per quanto riguarda l'etica, le pratiche e le attività umane più legate al corpo (come la procreazione), che un tempo erano considerate "naturali" e quindi immutabili e addirittura sacre, sono viste oggi come attuazioni storiche, contingenti e non necessarie in un ambito di possibilità. Essendo "arbitrarie" possono essere modificate, anzi sostituite da altre pratiche altrettanto arbitrarie, ma forse più convenienti sotto certi profili (progettazione della specie in base a certe specifiche). Questa sorta di relativismo delle pratiche riguarda anche la società: il matrimonio eterosessuale è ormai considerato come una delle possibili forme di unione tra due individui... ma perché solo due? Domani si potrà contemplare il matrimonio a tre o a cinque...

7 Spesso si suppone che uomo e tecnologia siano due entità distinte e separate, per quanto interagenti e, inoltre, si assume che oggi l'evoluzione dell'uomo sia lentissima o addirittura ferma, mentre la tecnologia si sviluppa con grande rapidità. In realtà tra uomo e tecnologia non esiste distinzione netta, perché da sempre la tecnologia concorre a formare l'*essenza* dell'umano. Secondo, l'evoluzione della tecnologia contribuisce potentemente alla nostra evoluzione, anzi ormai (quasi) *coincide* con essa. Le due evoluzioni, biologica e tecnologica, sono intimamente intrecciate in un'evoluzione "biotecnologica", al cui centro sta l'unità evolutiva *homo technologicus,* una sorta di ibrido di biologia e tecnologia in via di continua trasformazione. *Homo sapiens* è sempre stato contaminato dalla tecnologia, cioè è sempre stato *homo technologicus*. Il rapporto tra l'uomo e la tecnologia si può considerare una simbiosi, la cui manifestazione fenotipica, *homo* *technologicus*, è appunto un *simbionte*. In passato l'esistenza e la perpetua trasformazione del simbionte biotecnologico erano poco visibili, tanto da autorizzare, in molte filosofie e in molte religioni, una visione *fissista* della natura umana. Oggi, per la velocità e il continuo potenziamento della tecnologia, la trasformazione è diventata piuttosto evidente. Da sempre il corpo umano è stato ampliato da strumenti e apparati che ne hanno esteso e moltiplicato le possibilità d'interazione col mondo, in senso sia conoscitivo sia operativo. L'invenzione e l'uso degli strumenti si configura non tanto come l'aggiunta di *protesi*, quanto come una vera e propria *ibridazione*: la protesi supplisce a un'abilità compromessa o perduta, mentre, innestandosi nell'uomo, ogni nuovo apparato dà luogo a un'unità evolutiva (un simbionte) di nuovo tipo, in cui possono emergere capacità – percettive, cognitive e attive – inedite e a volte del tutto impreviste, e di questa evoluzione ibridativa non è possibile indicare i limiti. Come l'uomo fa la tecnologia, così la tecnologia fa l'uomo. Molte delle capacità del simbionte uomo-computer, per esempio, erano affatto imprevedibili e non è improprio dire che l'unità cognitiva "uomo-col-computer" è essenzialmente diversa dall'unità cognitiva "uomo-senza-computer".

8 In ogni istante i mutamenti operano non su una materia non compromessa, indifferenziata, aperta a tutte le possibilità, bensì sul materiale preparato dalla storia precedente, quindi la gamma dei loro esiti possibili è condizionata dall'evoluzione avvenuta fin lì. Anche la selezione opera sul portato della storia e la gamma dei suoi esiti è del pari condizionata. Non si ricomincia mai da zero, e in questo senso le innovazioni sono *filtrate, condizionate e orientate* dalle innovazioni precedenti.

9 La realtà (nel suo rapporto con noi) non si ripete perché si sviluppa lungo il tempo irreversibile della nostra esperienza. La ripetizione consentita dalla tecnologia è percepita "identica" perché a ogni ripetizione sembra che il tempo si riavvolga e ricominci daccapo (avremmo forse la stessa sensazione di identità nel *ricordare* gli eventi se la nostra memoria potesse fornircene repliche esatte e perfette). Quindi le ripetizioni tecniche, che pure avvengono in tempi (per noi) successivi, tendono a bloccare il tempo: tendono, ma non ci riescono, perché ogni ripetizione è *percepita* un po' diversa dalle precedenti: il tempo individuale irreversibile si prende una rivincita che porta pian piano all'assuefazione, all'ottundimento delle emozioni, all'indifferenza. Per parafrasare Eraclito, la prima volta non si presenta mai una seconda volta.

10 Secondo Heinz von Foerster si deve distinguere tra macchine banali e macchine non banali. Le prime si comportano in modo prevedibile, analizzabile senza residui. In particolare il loro funzionamento non dipende dalla storia: a stimolo uguale rispondono in modo sempre uguale, non apprendono. Le macchine non banali (tra le quali von Foerster annovera gli esseri umani) apprendono dall'esperienza, cioè dal passato, quindi sono evolutive e il loro comportamento non può essere previsto con certezza: non sono quindi determinabili per via analitica.

11 La cruda inadeguatezza che qualcuno potrebbe avvertire in questo paragone deriva forse da una residua reverenza nei confronti della mente: per molti la superiorità della mente rispetto allo stomaco, dello spirito rispetto alla materia, dell'anima rispetto al corpo deriverebbe da una discontinuità nel processo evolutivo, da un intervento deliberato, da un progetto intelligente attribuibile a un Dio sollecito di questo trascurabile pianeta e della trascurabile vita che vi brulica. Certo, l'ipotesi del disegno intelligente non è scientifica, ma neppure la cosiddetta teoria dell'evoluzione lo è, nel senso che Popper attribuiva a questo aggettivo, cioè *falsificabile*: si tratta in fondo di una narrazione, di una storia, in cui alcuni elementi oggettivi (reperti) sono interpolati ed estrapolati con un'operazione di interpretazione simile a quella compiuta dagli storici nei confronti di tutti gli eventi del passato, con tutte le sue limitazioni nei confronti di una presunta oggettività (*Racconto e resoconto scientifico*, p. 61, e nota 4 del secondo capitolo). Si entra qui in un terreno quanto mai controverso, in cui le posizioni individuali, pur ammantandosi di certezze, derivano in fondo da posizioni metafisiche, fideistiche o scientiste.

Bisognerebbe forse rileggere le pagine di Pascal sull'opportunità di scommettere a favore dell'esistenza di Dio, ma, come egli stesso dice, non si può *dimostrare* né che Dio esiste né che non esiste. E, se se ne potesse dimostrare l'esistenza, questa dimostrazione sarebbe del tutto inutile: chi crede non ne avrebbe bisogno e chi non crede non ne sarebbe convertito. Su un altro piano e con le debite differenze, è un po' come il meccanismo per cui ciascuno legge volentieri i giornali che rispecchiano le sue convinzioni politiche e non gli altri. È vero che leggere i giornali della propria parte non è necessario e leggere gli altri ci irriterebbe e non ci farebbe cambiare idea, ma resta il fatto che vedere scritte nero su bianco le nostre idee ci dà una convinta e profonda soddisfazione.

Il mondo e il senso

Quello che sappiamo per certo è che il cosmo non è regolato da alcuna struttura centrale, come può essere il cervello nei mammiferi, e quindi non possiamo attribuirgli quel fenomeno puramente terrestre e biologico che chiamiamo intenzionalità cosciente; inoltre sappiamo che la specie umana ne costituisce una porzione così insignificante e transitoria che tutte le riflessioni sui rapporti umani, sui destini e sui valori dell'uomo devono necessariamente apparire come illusorie fantasie. [...] Inoltre dobbiamo convenire che ciò che osserviamo fa diventare irragionevole l'idea di valori e destini specifici per l'uomo. Se esistesse veramente un principio organizzatore, un insieme di norme, o uno scopo finale, non potremmo mai sperare di comprenderne nemmeno una minima parte. [...] La cosmica futilità dell'uomo lo riduce a una porzione trascurabile perfino della microscopica frazione di infinito che egli può concepire. [...] L'umanità è solo un incidente passeggero occorso in una frazione dell'universo conoscibile

H.P. Lovecraft, *Lettera a F. B. Long*

L'uomo non è che una canna, la più fragile di tutta la natura; ma è una canna pensante. Non occorre che l'universo intero si armi per annientarlo: un vapore, una goccia d'acqua basta a ucciderlo. Ma quand'anche l'universo lo schiacciasse, l'uomo sarebbe pur sempre più nobile di chi lo uccide, dal momento che egli sa di morire e conosce la superiorità dell'universo su di lui; l'universo invece non ne sa nulla. Tutta la nostra dignità consiste dunque nel pensiero. È in virtù di esso che dobbiamo nobilitarci, e non con lo spazio e il tempo che potremmo riempire. Studiamoci dunque di ben pensare: ecco il principio della morale

Pascal, *Pensieri*

È inutile, non se ne viene fuori, questo è il nostro dramma, o meglio il dramma di coloro che pensano. La Verità si nasconde chissà dove, e noi ci costruiamo le nostre verità. Ma queste verità parziali, illusorie, effimere, hanno tuttavia grandi conseguenze sulla nostra vita, individuale e sociale. In esse cerchiamo di allevare i nostri figli, che le accettano o le respingono, ma ne sono comunque condizionati. Creazioni del pensiero che tuttavia si travasano nel mondo concreto. Ma poi, questo mondo concreto, quanto è grande? È piccolo, piccolissimo:

– Punto di partenza: ogni stella un mondo a sé. Un mondo, care mie, non crediate, più o meno simile al nostro; vale a dire: un sole accompagnato da pianeti e da satelliti che gli rotano intorno, come i pianeti e i satelliti del nostro sistema attorno al sole nostro, il quale, sapete che cos'è? Vi faccio ridere: nient'altro che una stella di media grandezza della Via Lattea. Ne volete un'idea? Trasportate nello spazio il nostro mondo – questo così detto sistema solare – a una distanza uguale... non dico molto – a poche migliaja di volte il suo diametro, cioè, alla distanza delle stelle più vicine. Orbene, il nostro gran sole sapete a che cosa sarebbe ridotto rispetto a noi? Alle proporzioni d'un puntino luminoso, alle proporzioni di una stella di quinta o sesta grandezza: non sarebbe più, insomma, che una stellina in mezzo alle altre stelle.

[...]

– Pensare... pensare che la stella Alfa della costellazione del Centauro, vale a dire la stella più vicina a questo nostro cece, alias il signor pianetino Terra, dista da noi trentatré miliardi e quattrocento milioni di chilometri! Pensare che la luce, la quale, se non lo sapete, cammina con la piccolissima velocità di circa duecento novantotto mila e cinquecento chilometri al minuto secondo (dico secondo), non può giungere a noi da quel mondo prossimo che dopo tre anni e cinque mesi – l'età cioè del nostro buon Franceschino che sta a sfruconarsi il naso col dito, e non mi piace... Pensare che la Capra dista da noi seicentosessantatré miliardi di chilometri, e che la sua luce, prima d'arrivare a noi, con quel po' po' di velocità che v'ho detto, ci mette settant'anni e qualche mese, e, se si tien conto dei calcoli di certi astronomi, la luce emessa da alcuni remoti ammassi ci mette cinque milioni d'anni, come mi fate ridere, asini! L'uomo, questo verme che c'è e non c'è, l'uomo che, quando crede di ragionare, è per me il più stupido fra tutte le trecento mila specie animali che popolano il globo terraqueo, l'uomo ha il coraggio di dire: "Io ho inventato la ferrovia!". E che cos'è la ferrovia? Non te la comparo con la velocità della luce, perché ti farei impazzire; ma in confronto allo stesso moto di questo cece Terra che cos'è? Ventinove chilometri, a buon conto, ogni minuto secondo; hai dunque inventato il lumacone, la tartaruga, la bestia che sei! E questo medesimo animale uomo pretende di dare un dio, il suo Dio a tutto l'Universo!

Luigi Pirandello, *Pallottoline!*

E allora? Piccolo o grande, il nostro mondo, che importa? Ci viviamo, quel poco che ci viviamo, e vorremmo conoscerlo, capirlo, abbracciarlo, sentirlo. Ma per ogni piccolo o grande frammento di comprensione, ecco che qualche altro pensiero ce la rovescia e distrugge...

– Come ti stavo dicendo, un volta che il fisico abbia accettato che l'universo visibile non è fatto né di spirito né di materia, bensì di energia più o meno strutturata, allora è libero di costruirsi una metafisica, ma una metafisica vera, non stravagante e congetturale come quella dei filosofi. I filosofi, della realtà, non hanno mai capito niente... Solo la fisica, la fisica degli ultimi cinquant'anni, o sessanta, ci dà qualche idea precisa sull'universo in cui ci troviamo a vivere.

Fayard parlava e fumava, s'infervorava, fissava a lungo Enrico e poi sollevava lo sguardo al soffitto come a cercare l'ispirazione per procedere. Circondato da un alone di fumo azzurrato, i gomiti piantati solidamente sul piano del tavolo e le dita intrecciate, enunciava verità incontrovertibili e definitive.

Enrico ascoltava il collega, di qualche anno più anziano, e quelle parole si accordavano con ciò che era venuto imparando negli anni d'università e in quelle prime settimane lì al Centro. Pure era come se le udisse ora per la prima volta nel loro significato profondo: e ciò suscitava in lui, in una zona delicata e sensibile del suo essere, una specie di disagio, o rimorso, faceva rinascere certi ricordi d'infanzia, fatti di nulla, forse, ma che d'improvviso resistevano tenaci all'avanzata rigorosa e trionfale della razionalità. Se veramente, come diceva Fayard, il mondo, e quindi anche la nostra vita, non era che il risultato della rottura di antiche simmetrie che solo le condizioni eccezionali dei primissimi istanti dell'universo erano state in grado di sostenere ma che poi erano crollate nel degradarsi dell'energia e nel nascere della materia; se veramente, come pure diceva Fayard con una frase allusiva e incomprensibile, l'universo non era che un'estrinsecazione del nulla, nel quale poteva in ogni istante ripiombare; se l'unicità di questo mondo non consentiva se non la rappresentazione unica di un atto unico e irripetibile; se questa dolorosa consapevolezza di unicità corrispondeva a un'assenza totale di significato, come Fayard sosteneva ora togliendosi gli occhiali e massaggiandosi lentamente e a lungo col pollice e l'indice la gobba arrossata del naso; se tutto si riduceva a un vacuo incidente provocato da un Dio distratto e impotente; allora non era forse meglio, rifletteva Enrico, rifugiarsi nelle candide fiducie di un tempo, che ponevano l'uomo al centro di una vasta creazione, perfetta e regolata, sotto la mano sapiente e sollecita di un Dio severo e onnipotente e buono e onnisciente e dotato insomma di tutti gli attributi che un Dio vero deve avere? Non era forse più rassicurante credere che questo mondo non è che la copia imperfetta e pallidissima, ma pur sempre eccellente e benigna, dell'altro, in cui i buoni potranno godere le meraviglie del Paradiso in una luminosa eternità priva d'angoscia e di disordine? Ma queste candide ingenuità Enrico non se le poteva più permettere: aveva imparato troppe cose, la sua conoscenza delle leggi della fisica era troppo vasta ormai per consentirgli di vivere, come altri, nel duplice mondo della scienza e della religione, entrambe lontane, entrambe incapaci di esercitare una pressione troppo forte sulla nostra mente e sulla nostra quotidianità. Aveva mangiato il frutto della conoscenza e, dopo, il mondo non poteva più essere lo stesso: doveva fare delle scelte. La vita è veramente un atto unico, che si recita una volta sola in un teatro che non presenta mai due volte lo stesso spettacolo e che, a rappresentazione conclusa, si riempie di un buio totale, invincibile, dal quale non emergono né gli atti di bontà né le lacrime di commozione né gli occhi innamorati con cui ci guardano talvolta le donne, quando la vita canta.

[...]

A Enrico pareva di aver perso l'innocenza, gli vennero in mente i vicoli oscuri della sua città e lo invase la tristezza. In quei vicoli non avrebbe più potuto camminare con la coscienza rarefatta e quasi intermittente di quando era bambino. Perché la coscienza dei bambini non è vigile e continua come quella degli adulti, non è inesorabilmente attaccata a questa realtà, tanto da farne l'unica realtà: invece, con il dono prezioso di un'agilità smemorata, si affaccia su ampi territori inconosciuti, attraversa spazi rarefatti, giunge su altri mondi e ne ritorna con ilare stupore per narrare di attoniti sogni, di favole antiche. E gli adulti scuotono la testa e sorridono dei bambini perché hanno dimenticato i loro viaggi avventurosi in quei lontani universi. Così Enrico sorrise di sé e scosse la testa.

Di alcune orme sopra la neve

Così, cercando, riflettendo, scotendo il capo, negli anni, quelli che mi restano da vivere: vorrei che fossero tanti, ma non troppi, perché vivere è bellissimo, ma è anche faticoso.

Appendici

Appendice A • Linguaggi e ambiguità

Una situazione (un messaggio, un concetto, una percezione...) si dice *ambigua* quando se ne possono dare e magari di fatto se ne dànno più interpretazioni. L'ambiguità ha dunque a che fare con il *significato* e al pari di questo è difficile da racchiudere in una definizione.

L'ambiguità non è assoluta, ma è relativa all'osservatore, o meglio riguarda il rapporto tra situazione e osservatore o tra messaggio e destinatario: lo stesso messaggio può essere univoco per un destinatario e ambiguo per un altro. Il carattere di relatività rispetto all'osservatore accomuna ambiguità e informazione. Una situazione ambigua per un osservatore può diventare univoca se l'osservatore riceve una certa informazione suppletiva, mentre per un altro osservatore la stessa informazione può non risolvere l'ambiguità.

Nella prassi dialogica gli interlocutori partono spesso da interpretazioni diverse di una situazione o di certi termini per poi convergere via via verso un significato più o meno condiviso che consente un'intesa comunicativa (e anche pragmatica). Talora invece, per vari motivi, la convergenza non ha luogo e la situazione comunicativa resta ambigua.

L'ambiguità può scaturire da un'interazione tra sorgente e destinatario del messaggio: per esempio, la sorgente emette un messaggio parziale, attende l'interpretazione del destinatario, poi emette un prolungamento del messaggio che può confermare l'interpretazione data oppure contraddirla. L'interpretazione consiste, schematicamente, nella costruzione da parte del destinatario di un prolungamento del messaggio o di una regola in base alla quale è possibile costruire il prolungamento. Se il prolungamento fornito in seguito dalla sorgente coincide con quello costruito dal destinatario l'interpretazione si rivela corretta. In tal caso il prolungamento della sorgente è *ridondante*, altrimenti contiene un'informazione nuova, in base alla quale il destinatario può rivedere l'interpretazione e ricavare un nuovo prolungamento o nuove regole per costruirlo. Il fatto che la parte iniziale del messaggio possa essere prolungata in modi diversi, tutti a priori legittimi, si esprime dicendo che questa parte iniziale del messaggio è *ambigua*.

Si consideri, per esempio, una successione numerica infinita: ogni tratto iniziale (finito) della successione può essere prolungato in infiniti modi, tutti compatibili con quel tratto, il quale dunque è ambiguo Ogni ulteriore prolungamento della successione via via fornito dalla sorgente elimina alcuni prolungamenti fin lì compatibili, ma ne restano sempre infiniti legittimi.

L'ambiguità contenuta nelle porzioni di messaggio emesse via via dalla sorgente, ambiguità che viene ridotta, ma non sempre eliminata, dai successivi prolungamenti, denota quella che si può chiamare *povertà del messaggio*: ogni messaggio contiene un'informazione finita, che non è in genere sufficiente a individuare la regola con cui costruire l'unico prolungamento del messaggio che poi verrà generato dalla sorgente. Ogni messaggio parziale è compatibile con molti (al limite infiniti) messaggi completi. Si pensi al caso del fisico che riceve messaggi consistenti nei fenomeni osservati e che ne cerca un'interpretazione, cioè una teoria. Alla luce di fenomeni nuovi la teoria può sempre rivelarsi "sbagliata" e va sostituita con una teoria nuova.

In generale (quasi) tutte le situazioni, linguistiche e non linguistiche, hanno più "spiegazioni", dove la spiegazione è un possibile prolungamento o completamento della situazione, cioè la creazione di un *contesto*. Fornire una spiegazione di una situazione, in altri termini, consiste nell'integrare o completare la porzione "visibile" della situazione con parti ipotetiche e nascoste a partire dalla *ridondanza*, che è strettamente legata al significato.

Si pensi a una figura "ovvia" come una circonferenza, di cui si mostri al soggetto osservatore solo una porzione, diciamo una semicirconferenza. Il soggetto è portato a interpretare la semicirconferenza come "parte di una circonferenza" sulla base di considerazioni di *simmetria*, cioè di una particolare forma di ridondanza. In questo completamento l'osservatore si basa sul *significato* ("ho *capito*: si tratta di una circonferenza in parte nascosta"; la figura "circonferenza", come pure le considerazioni di simmetria, riassumono numerose esperienze precedenti del soggetto, il quale vive in un mondo dove le circonferenze e le figure simmetriche in genere sono frequenti).

Se una situazione o configurazione non contiene ridondanza (per esempio, una successione binaria del tutto casuale, o una figura irregolare), non esiste nessun significato che possa esserne estratto e sfruttato per costruirne un prolungamento. La situazione, non avendo significato, non può essere ambigua: non è interpretabile. Si situa al di qua dell'ambiguità. Si potrebbe anche dire che si tratta di un'ambiguità di livello superiore, che l'osservatore può riassumere ricorrendo a termini come "casuale", "aleatorio" e simili. Ciò potrebbe indicare l'esistenza di una *gerarchia di livelli di ambiguità*.

Nei testi costruiti con le lingue naturali vi sono frasi che, isolate dal loro contesto linguistico ed extralinguistico, risultano ambigue. L'ambiguità è spesso fonte di ridicolo e molte barzellette sono basate su un rimescolamento più o meno radicale dell'interpretazione che l'ascoltatore ha fin lì dato della situazione: questa interpretazione viene all'improvviso confutata a favore di un'altra fin lì trascurata e questo rimescolamento, provocato dalla battuta finale, provoca la reazione emotiva del riso.

Nel *linguaggio scientifico* (in particolare in quello logico-matematico) si cerca di rimuovere al massimo l'ambiguità, anche se questo tentativo può essere attuato solo in parte, dato che non è possibile recidere del tutto il legame tra il linguaggio specializzato e la lingua ordinaria, sempre ambigua, che funge da metalinguaggio.

All'opposto, nel linguaggio narrativo, e ancora più nel linguaggio poetico, la presenza dell'ambiguità (deliberata o inconsapevole) ha una funzione importante, poiché serve a moltiplicare i significati, le metafore, le allusioni implicite ed esplicite. L'ambiguità contribuisce al valore estetico e alla risonanza emotiva dell'opera, consentendone una pluralità di interpretazioni, nessuna delle quali a priori può arrogarsi il titolo di unica corretta. Infatti essendo l'opera letteraria (o figurativa) finita e in sé conclusa, non esiste la possibilità di scartare certe interpretazioni a favore di altre grazie a un "prolungamento" successivo, come invece avviene nel caso della successione numerica infinita sopra accennata. Da ciò una sorta di impossibilità di principio di un'interpretazione critica unica, corretta e definitiva di un'opera artistica o letteraria. A volte di un'opera esistono interpretazioni condivise che sembrano soddisfare i più, almeno per un certo periodo di tempo, (per quello che può valere in questo campo l'opinione della maggioranza).

Un'osservazione particolare, che si riflette sulle ricerche d'intelligenza artificiale, riguarda la difficoltà di riprodurre in un programma per calcolatore l'uso e la comprensione (e la traduzione) di una lingua naturale. L'impostazione algoritmica, in cui si cerca di dettare regole che prevedano tutti i casi possibili, urta contro la natura ambigua e approssimativa delle lingue naturali. Poiché interagisce continuamente con la parte non linguistica dell'esperienza umana, la lingua risolve spesso le ambiguità per via pragmatica: le definizioni di una lingua naturale sono piene di eccezioni, che a loro volta presentano eccezioni (si pensi alla difficoltà di definire in modo preciso ed esauriente un termine comune, per esempio, "uccello" o "pesce"), senza che ciò costituisca grave impedimento alla comunicazione efficace. In una lingua naturale le definizioni esaurienti e complete sono poche o punte, e riguardano quasi sempre sottolinguaggi specializzati. In un sistema artificiale, che non ha esperienza extralinguistica, il ricorso alla prassi per risolvere le ambiguità è, almeno per il momento, quasi impossibile: la lingua naturale viene trattata dal programma d'intelligenza artificiale come se fosse un sistema chiuso e le residue ambiguità vi restano incapsulate. Ciò sembra confermare il profondo legame tra mondo e lingua, ma allo stesso tempo anche l'impossibilità di tradurre tutto il mondo in una lingua.

Nella prassi le difficoltà comunicative dovute all'ambiguità vengono quasi sempre risolte. Si acuiscono quando si ricercano i casi estremi o quando si vuol fornire una teoria chiusa, priva di contraddizioni e completa, per esempio quando si vuole comunicare solo in termini strettamente linguistici, senza ricorrere a metalinguaggi, all'ostensione, alla mimica e così via. La difficoltà di razionalizzare i procedimenti linguistici naturali si palesa, per esempio, quando uno specialista (un medico, un ingegnere) cerca di esplicitare in termini coerenti e completi i procedimenti che lo portano a una conclusione a partire da certe premesse (a una diagnosi a partire dai sintomi): questa esplicitazione, che serve come base di partenza per la costruzione di un "sistema esperto", è un procedimento laborioso, che comprende comunque una forte riduzione o semplificazione delle procedure usate, più o meno inconsapevolmente, dall'esperto umano nelle sue interazioni comunicative ordinarie.

Vorrei ora tornare sul concetto di *ridondanza*, che rappresenta uno degli aspetti più importanti dei fenomeni comunicazionali, come testimonia qualunque testo, parlato o scritto, in qualunque lingua naturale. Di ridondanza si può dare una definizione molto generale. Presentiamo a un soggetto una configurazione (una figura, uno scritto, una successione numerica...) in parte nascosta, in modo che il soggetto possa osservarne solo una porzione. Se dalla parte visibile il soggetto può ricavare indizi (informazioni) sulla parte nascosta, cioè se può congetturare quale sia la configurazione complessiva con esito migliore di quello puramente casuale, allora (per quel soggetto) la parte visibile contiene informazioni su quella nascosta e *nel suo complesso* la configurazione è *ridondante*. Quando la parte nascosta viene scoperta, essa fornisce al soggetto una quantità di informazione (o di "sorpresa") minore di quanto gliene avrebbe fornita se egli non avesse avuto prima accesso alla parte scoperta.

Al limite, se la parte scoperta consente di risalire univocamente e completamente a quella nascosta, questa, una volta disvelata, non fornisce alcuna informazione che il soggetto già non possegga. Naturalmente la presenza di ridondanza e la sua entità dipendono ancora una volta dal soggetto particolare, dalle sue capacità di osservazione e di associazione, dalla sua esperienza, dal suo addestramento e così via.

Dal punto di vista comunicativo in genere, e in particolare dal punto di vista tecnico, le implicazioni della ridondanza sono enormi. Per esempio, nel caso di uno scritto la ridondanza conferisce *robustezza* al testo, cioè può consentire di ricostruirlo anche quando ne venga distrutta o distorta una parte. Quindi la ridondanza si oppone validamente ai disturbi e alle interferenze nella comunicazione.

Come ho accennato, la ridondanza è strettamente connessa con il *significato*, anzi ridondanza e significato si possono considerare *sinonimi*: una figura contiene ridondanza quando da una sua parte possiamo risalire con buona probabilità al tutto, cioè quando osservandone quella parte possiamo dire "ho capito che cosa rappresenta la figura, ne ho colto il significato!". Se una figura è priva di ridondanza, ogni sua parte ci fornisce una quantità d'informazione che non dipende dalle parti eventualmente già osservate; ma nel suo complesso la figura non ha struttura o significato, non si può "capire": è una figura aleatoria, come la successione binaria di teste e croci che si ricava lanciando una moneta non truccata. Osservando la parte iniziale di una successione del genere non siamo in grado di fare sulla parte successiva previsioni migliori di quelle che potremmo fare senza osservare il tratto iniziale: testa e croce, a ogni lancio, sono equiprobabili e questo è l'unico dato che possediamo per quanto lunga sia la successione che abbiamo potuto osservare fino a quel momento. Non c'è modo di "capire" una successione binaria aleatoria. Se una successione, o un struttura in genere, sono aleatorie, quindi prive di ridondanza, ogni loro porzione fornisce al soggetto osservatore la massima quantità d'informazione, ma quest'informazione non ha contenuto semantico, è puramente sintattica.

Appendice B • L'implicito

Verso la metà del Novecento fu data (soprattutto per opera di Claude Shannon) al fenomeno della comunicazione una formulazione matematica improntata a uno schematismo riduzionistico che, se da una parte consentiva di ricavare interessanti teoremi relativi all'entropia (quantità media d'informazione generata da una sorgente) e alla capacità (quantità media d'informazione trasmessa da un canale), dall'altra limitava parecchio la portata del modello.

Lo schema formale rispecchiava in sostanza una situazione di trasmissione *unidirezionale* (dalla sorgente al destinatario) ed era basato sull'ipotesi che entrambi i soggetti condividessero lo stesso codice di comunicazione e possedessero una conoscenza perfetta dei presupposti e dell'universo informazionale entro cui si svolgeva la comunicazione.

In altri termini, nello schema di Shannon la comunicazione si svolgeva mediante una successione (discreta) di messaggi elementari scelti da un repertorio (o dizionario) che rimaneva *immu-

tato nel corso di tutta la trasmissione e la cui composizione era nota a entrambi i soggetti. Inoltre la *legge statistica* che reggeva le scelte era fissa e nota anch'essa alle due parti.

Queste ipotesi semplificative consentirono lo sviluppo della "teoria matematica dell'informazione" o teoria di Shannon, e forse a causa del successo di questa teoria, le ipotesi su cui essa si basava furono prese sul serio (e quindi estrapolate dallo schema ingegneristico alla variegata realtà comunicativa umana) da parecchi studiosi di linguistica, i quali costruirono modelli rigidi e semplificati della comunicazione umana, modelli piuttosto lontani dalla realtà. Osserviamo ancora che nella teoria di Shannon il *significato* dei messaggi è del tutto ignorato: la teoria riguarda solo quello che Weaver chiamò il *livello sintattico* della comunicazione (l'unico che può interessare l'ingegnere delle trasmissioni).

La comunicazione umana concreta si svolge in modo piuttosto diverso ed è assai più articolata (Appendice D).

In genere

- i due interlocutori si alternano nella funzione di sorgente e destinatario e questo alternarsi non è basato su regole a priori, bensì sulla comunicazione nel suo svolgersi concreto;
- gli interlocutori ignorano non soltanto come si svilupperà la comunicazione che hanno instaurato, ma anche il contenuto esplicito dei messaggi elementari (ammesso che si possa parlare di messaggi elementari) e la consistenza del dizionario: questo dizionario si accresce a misura che la conversazione procede e a seconda delle necessità;
- in genere non è possibile fornire la distribuzione statistica dei messaggi elementari o dei messaggi composti;
- oltre al livello sintattico, rivestono importanza fondamentale il livello *semantico* e il livello *pragmatico* della comunicazione: la comunicazione è un'azione che, incarnandosi nel simbolico verbale, interagisce profondamente con la realtà personale (e totale: sistemica e diacronica) delle parti;
- importanza fondamentale riveste anche l'*ambiente* dove si svolge la comunicazione, inteso non soltanto come ambiente fisico, ma anche come *contesto* informazionale: è il contesto che determina il "valore" dei messaggi scambiati, i quali dunque non hanno il valore assoluto che viene loro assegnato dalla teoria di Shannon;

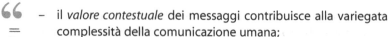

- il *valore contestuale* dei messaggi contribuisce alla variegata complessità della comunicazione umana;
- nella pratica quotidiana la comunicazione tra i due interlocutori avviene quasi sempre in forma di *conversazione* e si basa su una *volontà implicita di cooperazione*, tanto che quando questa volontà viene meno per qualche motivo la comunicazione diventa difficile e può addirittura arrestarsi;
- la volontà di cooperazione si manifesta, tra l'altro, nell'accettazione di un *codice* (sintattico, semantico e pragmatico) condiviso a priori non verificato (e spesso non verificabile): il codice tacitamente condiviso è in un certo senso parte dell'*implicito* su cui si basa la comunicazione;
- la presenza dell'implicito è positiva, poiché consente alla conversazione di procedere anche in presenza di incomprensioni ed equivoci, nella speranza (non sempre delusa) che in seguito gli equivoci si chiariscano e che le ambiguità si risolvano; accade quasi sempre che gli equivoci si chiariscano per uno degli interlocutori (o per entrambi), ma che la chiarificazione resti ancora nella sfera dell'implicito: ciò può portare alla sostituzione di un equivoco con un altro, magari diverso e a livello logico più profondo;
- l'implicito può riguardare l'uso e il significato di termini isolati, l'uso e il significato di locuzioni, il riferimento a eventi o fenomeni del mondo esterno, il significato non letterale (metaforico) che uno degli interlocutori attribuisce a parole, frasi o eventi e così via;
- spesso la dissonanza di significato (ambiguità) è percepita dalle parti, ma esse evitano di procedere a una verifica dei significati, verifica che potrebbe portare alla loro condivisione, per non arrestare la comunicazione (la proposta d'interruzione avrebbe almeno *prima facie* un valore negativo nei confronti del processo cooperativo e quindi costituirebbe una sorta di affronto rispetto all'interlocutore, oppure metterebbe in luce una sua ignoranza che, non essendo stata ammessa subito è sempre più difficile da ammettere senza "perdere la faccia");
- in questo modo l'implicito viene *confermato* e trascinato nel corso della conversazione finendo con l'assumere un carattere stabile: diventa quasi un presupposto della comunicazione,

che, si confida, potrà comunque procedere sulla base della simpatia nei confronti dell'interlocutore e grazie alla volontà di cooperazione: si manifesta qui un lato del carattere pragmatico della comunicazione;

- quando vengano meno i presupposti della conversazione, per esempio quando affiori ostilità, gli *impliciti* sono sentiti come un ostacolo, ma soprattutto come un mezzo efficace per opporsi alla controparte: è allora che l'implicito può distruggere la volontà di cooperazione e con essa la conversazione;

- il contesto comunicativo, cioè i *metamessaggi* che qualificano la comunicazione ("questo è un giuoco","questa è una conversazione banale","questa è una comunicazione di dati" o "una descrizione di fatti o fenomeni"), opera in maniera incisiva sull'importanza che viene attribuita all'implicito: è molto più facile tollerare l'implicito in una conversazione anodina o in un giuoco (dove anzi una certa dose di implicito è un ingrediente graditissimo, si pensi ai giuochi di società) che in una comunicazione relativa a eventi o fenomeni (per esempio, nella comunicazione scientifica *l'implicito implicito*, cioè l'implicito che viene deliberatamente tenuto nascosto, è in genere bandito perché è considerato segno di disonestà intellettuale, o meglio *l'implicito è accettato solo quando è un implicito esplicitamente condiviso dalle due parti);*

- d'altra parte, come fa intuire l'ultimo esempio, l'implicito è un presupposto fondamentale di ogni comunicazione, in quanto consente un'indispensabile *economia*: non sarebbe possibile esplicitare tutte le premesse di un atto comunicativo per quanto semplice, quindi una certa dose di implicito è sempre presente nella comunicazione; l'implicito diviene ostacolo alla comunicazione quando non è condiviso o meglio quando non è accettato nella stessa misura dalle due parti (spesso per motivi extracomunicativi);

- l'esplicitazione di un implicito fa spostare la frontiera dell'implicito, ma non l'annulla mai: anche lo spostamento della frontiera dell'implicito è talora *un'operazione implicita,* che ha termine quando le due parti si sentono soddisfatte del grado di esplicitazione raggiunto, ovvero quando avvertono che la dose residua di implicito è tollerabile per continuare la conversazione.

Appendice C • Scienza e teatro

Il rapporto fra scienza e teatro è problematico. Semplificando molto, si può dire che l'uomo conosce in due forme o modi diversi: c'è il modo implicito, inconsapevole, frutto di abitudini, sia di specie sia di individui, consolidate dalla nostra storia evolutiva e personale: è il modo che sta alla base della nostra vita nel mondo. Poi c'è il modo riflesso, consapevole, che nelle sue forme estreme diviene razionale e perfino computante: è il modo tipico della filosofia e poi della scienza ed è alla base della nostra vita intellettuale. La seconda modalità è posteriore, sia nella specie sia nell'individuo.

Si può fare una distinzione parallela anche nell'azione-comunicazione: c'è un'azione-comunicazione spontanea, che si dà mostrandosi e movendosi; poi c'è un'azione-comunicazione riflessa, argomentata, consequenziale. La prima è tipica della vita quotidiana, dei rapporti umani a livello immediato e fondamentale; è legata all'espressione dei sentimenti. La seconda è tipica del rapporto mediato dalla razionalità e si riscontra nelle forme posteriori e più raffinate della vita sociale; è legata alla comunicazione dei concetti.

Ebbene, secondo me, il teatro appartiene alla prima modalità conoscitiva, attiva e comunicativa; alla seconda modalità appartiene invece il discorso scientifico. I discorsi poetico, letterario e saggistico si collocano in posizioni intermedie, per cui, grosso modo, si può tracciare una progressione: teatro, poesia, letteratura, saggistica, scienza. La distinzione di fondo riguarda la presenza del corpo. Solo nel teatro il corpo è presente in prima persona, come soggetto attore concreto, e non come oggetto di discorso o di studio. Nel teatro non si può prescindere dal corpo dell'attore-personaggio, mentre al limite si potrebbe prescindere dalle parole e in particolare dall'argomentazione di tipo logico. Per cui, semplificando: da una parte c'è il teatro, dall'altra tutto il resto.

Che nel teatro non si possa prescindere dal corpo e che il corpo sia parte integrante del linguaggio (della conoscenza-azione-comunicazione) teatrale si riflette sulla differenza tra la scrittura teatrale e la scrittura letteraria: ho sperimentato in prima persona questa differenza in due modi diversi. In primo luogo, quando ricavo un'opera teatrale da un mio racconto, quasi sempre il risultato contiene un residuo (che avverto distintamente) di pesantezza verbale, di ridondanza appunto "letteraria", che la presenza corporea degli attori mette in luce come una cartina di tornasole. In secondo luogo, e a conferma, quando scrivo d'acchito per il teatro sento di dover adottare un linguaggio diverso da quello del dialogo contenuto in un racconto, proprio perché la presenza del corpo (che vuol dire creazione-occupazione di spazio, postura, staticità, movimento, sguardi, gesti e via dicendo) condiziona le parole, le battute, e modifica l'interazione tra gli attori, tra gli attori e lo spazio e tra gli attori e il pubblico (non dimentichiamo che a teatro c'è il pubblico, presente e vivo).

Se il teatro e la letteratura presentano queste differenze, ancora maggiori sono le differenze fra il teatro e la scienza, che si collocano ai due estremi della scala di cui ho parlato sopra: di qui nasce la difficoltà del loro incontro. La scienza argomenta, ragiona e deduce, il teatro "mette in scena". La scienza ha sempre cercato di escludere l'uomo dal proprio quadro: sia come oggetto di studio (perché è troppo complesso) sia, soprattutto, come soggetto di conoscenza. L'uomo va estromesso, se si vuole costruire quel quadro nitido e imperturbato cui la scienza per tradizione aspira. Ma entrambe le forme di esclusione sono temporanee, perché la scienza mira alla globalità: e di fatto l'uomo sta pian piano, e a fatica, rientrando nel quadro, come oggetto e come soggetto di conoscenza.

Così la fisica, per esempio, esclude l'uomo dal suo ambito di studio (pur aspirando a inserirvelo in un futuro più o meno lontano, quando il suo metodo avrà assoggettato tutti i campi dello scibile), ma esclude anche il fisico, cioè il soggetto che costruisce la fisica. Il fisico fa parte di quel contorno metascientifico, spesso considerato quasi folcloristico e aneddotico, che pur essendo importante per lo sviluppo storico della fisica non deve, per pudore, lasciare tracce nel trattato che riporta il quadro attuale della disciplina.

Nel teatro, al contrario, in primo piano c'è l'uomo: è la sua vicenda che dà origine e senso alla vicenda teatrale, anzi al teatro come luogo ideale di ogni messa in scena o rappresentazione possibile. La parola "rappresentazione" mi sembra importante: mi chiedo se la scienza "rappresenti" mai qualcosa; forse la scienza presenta e non rappresenta... In termini più espliciti, la scienza tende a fornire un quadro statico, nascondendo il travaglio della fase creativa e proponendo solo il risultato finale della sistemazione, il teatro rappresenta la dinamica della vita nel suo svolgersi. Dunque teatro e scienza sono agli antipodi: il teatro non ha bisogno della scienza e la scienza non ha bisogno del teatro.

Diverso mi sembra il rapporto tra scienza e narrazione, che sono molto più vicine, anzi credo che la scienza abbia profonde caratteristiche narrative, sia pure con peculiarità di linguaggio e con convenzioni stilistiche sue proprie. Il teatro, ne segue, è molto lontano anche dalla narrazione.

A questo punto sorge la domanda: *ha senso fare del teatro-scienza?*

Come ho detto, il teatro non ha bisogno della scienza, ma ha bisogno dell'anima-corpo dell'uomo. Se il protagonista dell'opera teatrale è per caso uno scienziato va benissimo, purché lo scienziato sia considerato sotto il profilo della sua umanità, dei suoi drammi esistenziali, delle scelte di vita (Longo 2007). Il suo lavoro scientifico è interessante solo se ha aspetti etici, sociali, poetici, spirituali. Insomma il legame fra teatro e scienza passa per l'uomo-scienziato e non per le idee o i concetti della scienza in sé, avulsa dal mondo. Un teatro che volesse mettere in scena i concetti della scienza sarebbe noiosissimo e inefficace (diverso è il caso del cinema, che ha ben altre risorse tecniche di animazione e via dicendo). Il teatro può invece prestarsi benissimo a rappresentare le vicissitudini dello scienziato e le implicazioni sociali, spesso drammatiche, della ricerca scientifica. E, di fatto, molte opere definite di teatro-scienza riguardano i dilemmi personali dei ricercatori, gli effetti sociali e i timori che la scienza provoca o addirittura le tragedie di cui è stata o potrebbe essere responsabile.

Non credo insomma che il teatro possa essere un veicolo per comunicare le idee scientifiche, la cui diffusione avviene oggi in forme stereotipate, molto lontane dall'afflato poetico. La scienza esige precisione e univocità, mentre la poesia, il teatro, il racconto vivono di ambiguità, di trasgressioni continue del tempo e dello spazio. Nel teatro il tempo e lo spazio non sono omogenei e lineari e isotropi come nella scienza. Ciò non significa che ci sia un'impossibilità di principio di fare scienza in forma poetica: si potrebbe anche pensare a un nuovo poema lucreziano dove esporre i principi della meccanica quantistica, ma sarebbe quanto mai arduo dargli il rigore che oggi è consentito dalla formalizzazione matematica.

Quando tratti argomenti legati alla scienza, il teatro può esercitare un certo richiamo di tipo pedagogico e divulgativo. Ma qui bisogna, al solito, chiarire che c'è una differenza essenziale tra gli aspetti ludici, esornativi e divulgativi della scienza e l'attività scientifica svolta in prima persona.

Appendice D • La traduzione

Verso la metà del Novecento, la scoperta dell'universo della comunicazione fece emergere il potente sostrato mitopoietico dell'informazione e della parola, rinforzato da una fiducia assoluta (almeno in prospettiva) nelle capacità della macchina. Nascevano così, come corollari alla natura divina della riproduzione macchinica, i miti dell'onniscienza e, per il suo tramite, dell'onnipotenza; i miti della razionalità perfetta e del controllo totale; il mito della spiegabilità algoritmica senza residui del mondo (intelligenza artificiale) e, di conseguenza, il mito della *traducibilità*. Che poi fosse la traducibilità di un testo da una lingua all'altra oppure la traducibilità di una parte del mondo in un'altra o in linguaggio matematico, poco importava.

Il grande mito del *traduttore universale*, che con la pressione di alcuni tasti fornisce la trasposizione perfetta di qualunque testo, fu alimentato dal desiderio di esorcizzare gli aspetti più oscuri e inquietanti della creatività e dell'inventiva e fu autorizzato ancora una volta dall'ipotesi della natura atomica, riducibile e acontestuale del mondo e del linguaggio. Ma da tempo ormai quest'ipotesi è stata messa in crisi. È stata cioè messa in crisi una concezione disincarnata e astratta della comunicazione (come dell'intelligenza), ben rappresentata dal modello formale della teoria dell'informazione di Shannon e dalla concezione biologico-innatistica di Noam Chomsky: in quest'ottica, chi parla lo farebbe in base a un preciso corredo di regole immutabili e universali, indipendenti dall'agire empirico e dai rapporti interpersonali. Il destinatario poi non avrebbe alcuno spessore, o meglio assumerebbe (come nella teoria di Shannon) la funzione passiva di replicare in sé l'informazione generata dalla sorgente, poiché ne condividerebbe appieno le regole e le strutture linguistiche.

In realtà il fenomeno linguistico e comunicativo in genere è molto più ricco e articolato di quanto non lasci intravvedere la teoria formalizzata: in esso si mescolano a vario titolo e con intensità mutevole elementi naturali e convenzionali, sintattici e semantici, pragmatici ed emotivi. Insomma la comunicazione non è un fenomeno meccanico, inscritto in un determinismo dettato dalla comune struttura ereditaria: esso possiede anche un carattere storico e culturale, ed è quindi soggetto alle contingenze e al dinamismo dei rapporti tra gli interlocutori e tra questi e l'ambiente. È un'attività, quella comunicativa, intessuta di metafore, di significati empirici e di ambiguità che screziano e arricchiscono il puro scambio di informazioni, corredandolo di tutta una serie di valenze metacomunicative ed extracomunicative, senza le quali lo scambio si ridurrebbe a poco più di niente.

La comunicazione (in particolare la conversazione) si articola in codici più o meno flessibili, aperti in vario modo a interessi cognitivi, affettivi e collaborativi. Ed è proprio la *volontà di collaborazione* dei parlanti che ne costituisce forse l'aspetto più caratteristico e significativo: grazie a questa volontà e animati da essa, i dialoganti esplicano un controllo e un continuo aggiustamento dell'interazione, che porta alla condivisione di regole sempre diverse e alla costruzione di convergenze mutevoli, di volta in volta adatte agli *scopi* della comunicazione. L'aspetto collaborativo della pratica linguistica si esplica in una continua ridefinizione e reinterpretazione, da parte dei dialoganti, dei dati e delle relazioni (dati e relazioni che non sono solo interni alla lingua, ma anche esterni: per esempio, la relazione *tra gli stessi dialoganti*). Emergono così le componenti extra-grammaticali ed extra-linguistiche della comunicazione, che è fatta non solo di dati scambiati, ma anche di intenzioni e di progetti, di scopi e di aspirazioni che riguardano il mondo dei soggetti, cioè un *contesto* quanto mai ampio e articolato.

Mentre Chomsky cerca (o meglio cercava perché di recente ha modificato le proprie posizioni) nel cervello dell'uomo (o addirittura nel suo corredo genetico) regole e strutture statiche, invarianti, universali, altri, tra cui John Searle, ricercano ciò che si configura via via, concretando intenzioni e progetti, significazioni culturali e interazioni sociali, che trovano i loro esiti finali in una gamma dinamica di eventi e relazioni interpersonali.

Nella visione di Searle, il principio di cooperazione di cui si è detto assume una posizione centrale e l'evento comunicativo per eccellenza è la *conversazione*: è in essa che la dimensione psicocomportamentale dell'uomo emerge in tutta la sua ricchezza di intenzioni, sottintesi, scopi e rimandi. Nella conversazione gli interlocutori sono attivi anche nella fasi di ascolto e partecipano al lavoro *narrativo* della coppia dialogante con battute, sguardi, esclamazioni, gesti di approvazione o disapprovazione, e quando riprendono la parola arricchiscono il loro contributo con allusioni, implicazioni, doppi sensi, giuochi di parole. E tutto ciò mediante un faticoso e divertente aggiustamento reciproco e progressivo verso un traguardo mutevole, nella prospettiva pragmatica e finalistica di dare un *senso* a sé e al mondo. A questa sfaccettata e multiforme attività, i dialoganti partecipano con tutta la loro persona.

Questi pochi cenni fanno intuire la ricchezza della comunicazione umana rispetto all'immagine semplificata (e impoverita) che ne dà la teoria matematica dell'informazione: in particolare mettono in risalto le differenze tra la comunicazione umana e la comunicazione informatica. Quest'ultima sì, si può considerare un mero scambio di informazioni attuato con codici semplici e indeformabili, e potrebbe quindi corrispondere al modello del primo Chomsky. Che modelli del genere siano stati costruiti e presi sul serio per molti anni dovrebbe farci riflettere sulla potenza delle metafore: la metafora del cervello-calcolatore, che non ha ancora esaurito la sua spinta di suggestione, se da una parte ha consentito progressi importanti nella comprensione di certi fenomeni, dall'altra, come spesso accade nella costruzione delle teorie formali, ha costretto la ricchezza dei fatti osservati nella povertà dei modelli.

Se davvero la comunicazione umana fosse ciò che predica la teoria, cioè uno scambio di informazioni all'interno di un contesto linguistico chiuso, inaccessibile e immutabile, sulla base di regole universali e inderogabili, allora forse sarebbe concepibile sostituire le macchine agli uomini in tutti gli atti linguistici, compresa la traduzione.

Di fatto così non è: l'intelligenza umana e il suo rispecchiamento verbale sono fenomeni *contestuali, sistemici e diacronici*.

L'essenzialità del contesto e dei rapporti interpersonali implica, tra l'altro, l'importanza, per l'intelligenza umana, del *corpo*, che è il tramite, e il filtro, attraverso il quale la mente dell'uomo, e quindi il suo linguaggio, entra in contatto con il resto dell'universo. La lingua risulta dunque un fenomeno globale, mentale e corporeo insieme: ogni atto linguistico, a ben guardare, è un atto sistemico del mondo, che si svolge sì sotto la particolare angolatura dell'individuo che compie l'atto, ma che attraverso quell'individuo si collega a tutto il resto. E ogni testo è scritto dal mondo su sé stesso. Chi scrive presta al mondo mente, mano e corpo, consentendogli di scrivere. E così chi parla e chi legge e chi ascolta. Questo punto di vista permette, tra l'altro, di capire e valutare meglio la funzione attiva dell'ascoltatore o del lettore, di chi insomma ricostruisce in sé il testo.

Soltanto rendendosi conto di questa molteplicità e complessità e sistemicità del fenomeno linguistico si può apprezzare la complessità e la globalità dell'attività di *traduzione*. La complessità non deriva solo da quelle ambiguità linguistiche (divertenti, ma tutto sommato banali) o da quei giuochi di parole che costituiscono gran parte dell'aneddotica sulle difficoltà della traduzione: il problema è ben più profondo e articolato. Un testo, ogni testo, è radicato nel mondo e tradurre un testo significa tradurre il mondo (o almeno un pezzo di mondo). Alla luce di queste considerazioni, non è sorprendente che, come argomenta Douglas Hofstadter (Hofstadter 1984), la miglior traduzione inglese di un romanzo di Dostojevski sia, in ultima analisi, un romanzo di Dickens. Cioè: se si vuole che il lettore "medio" inglese abbia, di fronte alla traduzione, un'impressione globale "analoga" (o "simile" o "equivalente": ma che cosa vuol dire?) all'impressione che il lettore "medio" russo ha di fronte all'originale di Dostojevski, allora la cosa migliore è fargli leggere un romanzo di Dickens.

Questa proposta paradossale, ma non infondata, non può che rafforzarci nella sconfortante persuasione che il problema della traduzione sia insolubile (sotto il profilo teorico: perché di fatto poi si traduce). Ma ci dà anche un'indicazione preziosa, benché non nuovissima, cioè che la traduzione sia in realtà una ricreazione dell'opera, o meglio sia la creazione di un'opera *nuova*, anche se in qualche modo legata all'originale. Poiché la difficoltà deriva dalla presenza di questo legame, si tratta di allentarlo fino a renderlo innocuo. In altri termini: la traduzione, di norma, è considerata la trasposizione in una lingua B di un testo scritto in una lingua A. L'ostacolo è costituito dai legami che il testo originale ha con il resto del mondo. La traduzione consiste infatti nel recidere questi legami, nel trasformare l'originale in un testo scritto nella lingua B e, infine, nell'incastonare di nuovo quest'ultimo nel mondo, collegandovelo con nuovi legami. È un'operazione di trapianto, con tutti i soliti rischi di rigetto. Meglio allora, infinitamente meglio, ignorare che il testo B è una traduzione, considerarlo dunque come un prodotto originale, slegato dal testo A. Se si accetta questo punto di vista, la proposta di Hofstadter diventa assai plausibile.

Non ho finora menzionato un fatto di eccezionale importanza, cioè che ogni lingua (e ogni linguaggio) costituisce un filtro attraverso il quale il mondo ci appare più o meno distorto e condizionato. Il mondo visto dai Cinesi è diverso da quello visto dagli Eschimesi o dagli Italiani *anche* perché la lingua in (con) cui il mondo viene rappresentato è diversa. Ma queste osservazioni sono elementari e scontate: troppo si è discusso del problema della lingua e della traduzione per potere sperare di dare in poche righe un contributo alla soluzione (che forse, come ho detto, non esiste a livello teorico, ma, come spesso accade, solo a livello pragmatico, grazie, ancora una volta, all'inventiva e alla flessibilità degli esseri umani, su cui mi soffermerò di nuovo in chiusura).

Consideriamo ora in particolare il problema della traduzione automatica, alla luce del quale le difficoltà della traduzione diventano forse più evidenti. Vorrei a questo proposito accennare al fenomeno che chiamerei degli "aloni semantici". In un testo, ogni fonema, sillaba, frase, ogni elemento linguistico insomma, risulta legato in modo più o meno stretto agli altri elementi. Questo complesso di legami presenta aspetti sonori, grammaticali, sintattici e semantici (ne sono esempi l'attrazione verbale, l'allitterazione, la rima ecc.). Se ne consideriamo solo gli aspetti semantici (anche se isolarli dagli altri è in pratica impossibile), ci rendiamo conto che questa sorta di alone più o meno sfocato di significati che un elemento porta con sé è specifico di ciascuna lingua e di ciascun parlante, perché affonda le sue radici da una parte nella storia e nella cultura di cui la lingua è espressione e componente essenziale e dall'altra nell'esperienza e nella sensibilità dello scrittore (o lettore o traduttore). L'alone semantico persiste e si evolve nella mente, anzi nella persona, del lettore o traduttore e si modifica via via che l'esame del testo procede. Orbene, per la sua specificità, è impossibile pensare di trasportare compiutamente questo alone, o plesso di legami, da una lingua (cultura) all'altra se non con quell'operazione temeraria e impossibile che consisterebbe nel tradurre ogni volta il mondo in sé stesso. È anche vero che all'alone semantico è legata la molteplicità di interpretazioni e di traduzioni parziali e provvisorie che ciascun traduttore tiene sempre presente in modo più o meno esplicito e che non vengono mai del tutto eliminate da una scelta particolare compiuta a un certo punto dell'operazione. L'alone semantico è una manifestazione della polisemia e dell'ambiguità delle lingue naturali (Appendice A).

Insomma l'alone semantico, che pure costituisce il principale ostacolo alla traduzione, ne permette d'altra parte un perfezionamento continuo, perché consente di non prendere mai decisioni nette e definitive, ma di conservare una certa *ambiguità* salvifica, che può essere sempre sfruttata per migliorare, variare e arricchire la comprensione e la traduzione. È singolare che anche nell'ingegneria delle comunicazioni si sia riconosciuta l'importanza delle decodifiche cosiddette *soft* che, al contrario di quelle *hard*, consentono di conservare una certa informazione collaterale, sfruttabile se sorgono dubbi quanto all'interpretazione già data. La decisione *hard*, viceversa, cristallizza ed elimina l'alone semantico una volta per tutte.

Per poter lavorare come un traduttore umano, il calcolatore, cioè il software, dovrebbe essere in grado di operare con una *logica sfumata* (*fuzzy logic*). Come ho detto, l'alone semantico è legato all'ambiguità: la quale, se è un crimine per il linguaggio asettico e depurato della logica tradizionale, è fonte di ricchezza per i testi scritti in linguaggio ordinario. A riprova di tutto ciò, si sono ottenuti alcuni risultati positivi nella traduzione automatica di testi di matematica o di chimica, nei quali l'alone semantico è molto povero (cioè l'ambiguità è molto scarsa) e per i quali l'operazione di traduzione si riduce a un'applicazione della corrispondenza biunivoca (o quasi) di certi termini e locuzioni nelle due lingue. L'operazione è facilitata anche dal grado molto elevato di uniformazione di questi testi, in cui la libertà espressiva degli autori è limitata da regole piuttosto rigide sulla stesura e sull'organizzazione dello scritto.

Molto diverso è il caso di un testo narrativo o teatrale, in cui i riferimenti semantici, culturali e, in genere, extratestuali sono solitamente ricchissimi: ricchissimo è l'alone semantico e ricchissima è l'ambiguità. In tal caso la rigidità dei programmi e la scarsa "esperienza" che essi hanno del mondo costituiscono svantaggi incolmabili.

A questo punto, prendendo per buona ed estendendo l'osservazione di Hofstadter, possiamo forse dire che la ragione per cui il calcolatore non sa *tradurre* un romanzo somiglia molto alla ragione per cui esso non sa *scrivere* un romanzo. Non avendo esperienza del mondo umano, non avendo un corpo da curare e difendere, non condividendo le gioie e le pene dell'esistenza, l'esperienza della vita e dell'amore e il timore della morte, non possedendo criteri etici o estetici, il calcolatore non può scrivere (né leggere né tradurre) un romanzo. Potrebbe scrivere o tradurre un "romanzo da calcolatore", che fosse cioè radicato nel *suo* mondo. Alan Turing, uno dei padri fondatori della scienza dei calcolatori, scrisse che "solo un calcolatore può capire un sonetto scritto da un calcolatore"; ma per noi è molto più interessante l'asserzione inversa: "solo un essere umano può capire un sonetto scritto da un essere umano" (purché, naturalmente, entrambi gli umani condividano esperienze analoghe e abbiano facoltà paragonabili, altrimenti l'incomprensione è, quasi, la stessa che tra uomo e calcolatore). Qui "capire" esprime il radicamento nel mondo (del calcolatore in un caso e dell'uomo nell'altro).

La comprensione umana è ampiamente *condivisa*, tranne che nei casi limite o patologici, perché comune è la nostra natura e comune è, con tutte le importanti differenze individuali, la nostra esperienza. Abbiamo tutti (più o meno) lo stesso corredo genetico, (più o meno) le stesse capacità e (più o meno) la stessa esperienza culturale ed esistenziale: perciò comprendiamo (o *non* comprendiamo) il mondo e noi stessi (più o meno) allo stesso modo. Queste premesse comuni ci consentono (di tentare) il passaggio da una provincia all'altra del nostro regno comunicativo umano, cioè da una lingua all'altra. Ma il calcolatore fa parte di un altro regno, di un altro pianeta.

Perché allora non tentiamo di descrivere compiutamente queste premesse esistenziali, culturali e umane per poi tradurle in un programma di calcolatore? Il fatto è che queste premesse comuni, che potremmo chiamare "nozioni sulla natura e sul funzionamento del mondo e dell'uomo", sono in buona parte situate a livelli impliciti e profondi, per esempio corporei: sono non esplicitate e forse non esplicitabili se non a rischio di gravi distorsioni; quindi (a parte la loro smisurata vastità) non è facile esprimerle in un programma, cioè mediante un numero finito di istruzioni o algoritmi espliciti. È un po' quello che accade nella costruzione dei cosiddetti "sistemi esperti": interrogato dall'ingegnere delle conoscenze, lo specialista (il medico, il chimico e così via) cerca di esplicitare le abilità e le funzioni che mette in atto ogni volta che esercita la sua specialità; cioè ne dà una *descrizione* che l'ingegnere poi traduce in algoritmi. Questa esplicitazione distorce l'oggetto, cioè fa emergere una descrizione dei meccanismi, delle facoltà e dei procedimenti che si discosta in modo più o meno vistoso dai "reali" meccanismi in giuoco quando lo specialista opera, se non altro perché la descrizione esplicita espianta le abilità dal loro contesto originale. Ecco il motivo per cui i sistemi esperti, costruiti sulla base di queste descrizioni, funzionano (e spesso molto bene) nell'ambito ristretto della specialità, ma falliscono in modo vistoso quando ci si avvicina ai confini del campo di applicazione, dove più si fa sentire l'assenza, nel programma, dei legami con il contesto globale.

In fondo un programma per la traduzione (o per la *stesura*) di un romanzo potrebbe essere assimilato a un immenso sistema esperto, o meglio a una complessa combinazione di moltissimi sistemi esperti: non solo dunque risentirebbe delle limitazioni di ciascun sistema componente, ma anche delle limitazioni dovute alla problematica fusione e integrazione tra i vari sistemi.

Bibliografia

Antonello, Pierpaolo, *Il Ménage a quattro: scienza, filosofia, tecnica nella letteratura italiana del Novecento*, Le Monnier, Firenze, 2005

Bateson, Gregory, *Verso un'ecologia della mente*, Adelphi, Milano, 1976, 2^ediz. 2000

Bateson, Gregory e Mary Catherine Bateson, *Dove gli angeli esitano*, Adelphi, Milano, 1989

Bateson, Gregory, *Una sacra unità*, Adelphi, Milano, 1997

Bichsel, Peter, *Il lettore, il narrare*, Marcos y Marcos, Milano, 1989

Biuso, Alberto Giovanni, *Cyborgsofia*, Il Pozzo di Giacobbe, Trapani, 2004

Biuso, Alberto Giovanni, *Decifrare il tempo: corpo e temporalità*, Atti dell'Istituto Veneto di Scienze, Lettere ed Arti, Vol. 163 (2004-2005) - fasc. I, Classe di Scienze Fisiche, Matematiche e Naturali, 2005

Bocchi, Gianluca e Mauro Ceruti (a cura di), *La sfida della complessità*, Feltrinelli, Milano, 1985

Bocchi, Gianluca e Mauro Ceruti, *Origini di storie*, Feltrinelli, Milano, 1993; e, per un commento, Giuseppe O. Longo, *Ordine nel caos*, La Rivista dei Libri, n. 2, febbraio 1994

Bonomi, Aldo e Enzo Rullani, *Il capitalismo personale*, Einaudi, Torino, 2005

Calligaro, Renato, *Tempo fermo*, Tempo fermo, I, n. 1, 2003

Capucci, Pier Luigi (a cura di), *Il corpo tecnologico*, Baskerville, Bologna, 1994

Carmagnola, Fulvio, *Del raccontare*, FOR, ottobre 1993

Caronia, Antonio, *Il corpo virtuale*, Muzzio, Padova, 1996

Cecchetti, Maurizio, *I cerchi delle betulle*, Medusa Edizioni, Milano, 2007

Chatwin, Bruce, *Le vie dei canti*, Adelphi, Milano, 1988

Cini, Marcello, *La trama che connette*, Plurimondi, I, 1, 1999

Cini, Marcello, *Il supermarket di Prometeo*, Codice Edizioni, Torino, 2006

Collins, Paul, *Né giusto né sbagliato*, Adelphi, Milano, 2005

Conti, Lino, *L'infalsificabile libro della natura: alle radici della scienza*, Edizioni Porziuncola, Assisi, 2005

Dapor Maurizio, *L'intelligenza della vita. Dal caos all'uomo*. Springer-Verlag Italia, Milano, 2002

Decandia, Lidia, *La città è cambiata, cambiate la città*, in *L'esilio del tempo*, a cura di Giuseppe Ardrizzo, Meltemi, Roma, 2003

De Meo, Nives, *Identità e indeterminazione*, nel sito www.provincia.venezia.it/nemus/sm_2a.htm, 2001

Dreyfus, Hubert L. e Stuart E. Dreyfus, *Ricostruire la mente o progettare modelli del cervello? L'intelligenza artificiale torna al bivio*, in *Capire l'artificiale*, a cura di Massimo Negrotti, Bollati Boringhieri, Torino, 1990

Einstein, Albert, lettera a Michele Besso del 21 marzo 1955, in A. Einstein, M. Besso, *Correspondence 1903-1955*, Hermann, Paris, 1972

Foerster, Heinz von, *Sistemi che osservano*, Astrolabio, Roma, 1987

Fukuyama, Francis, *L'uomo oltre l'uomo*, Mondadori, Milano, 2002

Gàbici, Franco, *Gadda. Il dolore della cognizione*, Simonelli Editore, Milano, 2002

Gandolfi, Alberto, *Formicai, imperi, cervelli. Introduzione alla scienza della complessità*, Casagrande, Bellinzona e Bollati Boringhieri, Torino, 1999

Gerosa, Mario, *Second Life*, Meltemi, Roma, 2007

Ghirardi, GianCarlo e Francesco de Stefano, *Il mondo quantistico: una realtà ambigua*, in *Ambiguità*, a cura di G. O. Longo e C. Magris, Moretti e Vitali, Bergamo, 1996

Guaraldo, Olivia, *Politica e racconto*, Meltemi, Roma, 2003

Hofstadter, Douglas R., *Gödel Escher Bach. Un'eterna ghirlanda brillante*, Adelphi, Milano, 1984

Hofstadter, Douglas R. e Daniel C. Dennett, *L'io della mente*, Adelphi, Milano, 1985

Jaynes, Julian, *Il crollo della mente bicamerale e l'origine della coscienza*, Adelphi, Milano, 1984

Kundera, Milan, *L'arte del romanzo*, Adelphi, Milano, 1988

La Porta, Filippo, *L'autoreverse dell'esperienza*, Bollati Boringhieri, Torino, 2004

Le Bon, Gustave, *Psicologia delle folle*, TEA, Milano, 2004

Legrenzi, Paolo, *Come funziona la mente*, Laterza, Roma-Bari, 1998

Longo, Giuseppe O., *Il sogno della macchina*, in *Intelligenza Artificiale*, a cura di G. O. Longo, Le Scienze Quaderni, n. 25, 1985

Longo, Giuseppe O., *Mente e informazione in Bateson*, KOS, n. 75, 1991

Longo, Giuseppe O., *Matematica e arte*, La Rivista dei Libri, n. 11, novembre 1992

Longo, Giuseppe O., *L'ambiguità tra scienza e filosofia*, Nuova Civiltà delle Macchine, IX, n. 3/4, 1993

Longo, Giuseppe O., *Remarks on Information and Mind*, in *Bridging the Gap: Philosophy, Mathematics, and Physics*, G. Corsi, M.L. Dalla Chiara, G.C. Ghirardi, eds., Kluwer Academic Publishers, Dordrecht-Boston-London, 1993

Longo, Giuseppe O., *La simulazione tra uomo e macchina*, in *La simulazione*, a cura di E. Kermol, Proxima Scientific Press, Trieste, 1994

Longo, Giuseppe O., *Il sé tra ambiguità e narrazione*, Atque, n. 9, 1994

Longo, Giuseppe O., *Dal Golem a Gödel e ritorno*, Nuova Civiltà delle Macchine, XII, n. 4 (48), 1994, ristampato in *Macchine e automi*, a cura di S. Valusso e S. Cerrato, CUEN, Napoli, 1995

Longo, Giuseppe O., *Informazione e organismi viventi*, voce dell'*Enciclopedia delle Scienze Fisiche*, Istituto dell'Enciclopedia Italiana, Roma, 1995

Longo, Giuseppe O. e Claudio Magris (a cura di), *Ambiguità*, op. cit.

Longo, Giuseppe O., *Introduzione*, in *Ambiguità*, op. cit.

Longo, Giuseppe O., *L'enigma del corpo*, Pluriverso, n. 4, set 1996

Longo, Giuseppe O., *Tautologia e informazione in matematica*, in *Matematica e Cultura*, a cura di Michele Emmer, suppl. a Lettera Matematica Pristem, 27-28, Springer Verlag, Milano, 1998

Longo, Giuseppe O., *Può il computer tradurre un romanzo?*, Pluriverso, anno III, n. 4, dic 1998

Longo, Giuseppe O., *Il nuovo Golem. Come il computer cambia la nostra cultura*, Laterza, Roma-Bari, 1998

Longo, Giuseppe O., *Mente e tecnologia*, Pluriverso, anno IV n. 4 e V n. 1, ott. 1999-marzo 2000

Longo, Giuseppe O., *Homo technologicus*, Meltemi, Roma, 2001, 2a ed. 2005

Longo, Giuseppe O., *Corpo e tecnologia: continuità o frattura?*, in *Corpo futuro - Il corpo umano tra tecnologie, comunicazione e moda*, a cura di L. Fortunati, J. Katz e R. Riccini, Franco Angeli, Milano, 2002

Longo, Giuseppe O., *Il simbionte: prove di umanità futura*, Meltemi, Roma, 2003

Longo, Giuseppe O., *Le orme del sapere, La scienza va a teatro*, Libretto di sala, La Triennale di Milano, maggio 2007

Lovecraft, Howard Phillips, *L'orrore della realtà*, a cura di G. de Turris e S. Fusco, Edizioni Mediterranee, Roma, 2007

Maffei, Lamberto, *Il mondo del cervello*, Laterza, Roma-Bari, 1998

McCulloch, Warren, *Embodiments of Mind*, The MIT Press, Cambridge-London, 1970

Monod, Jacques, *Il caso e la necessità*, Mondadori, Milano, 1970

Moravia, Sergio, *L'enigma dell'esistenza*, Feltrinelli, Milano, 1996

Morin, Edgar, *Introduzione al pensiero complesso*, Sperling & Kupfer, Milano, 1993

Negrotti, Massimo, *La terza realtà*, Dedalo, Bari, 1997

Prigogine, Ilya e Isabelle Stengers, *La nuova alleanza*, Einaudi, Torino, 1981

Prigogine, Ilya, *Le leggi del caos*, Lezioni italiane, Fondazione Sigma-Tau, Laterza, Roma-Bari, 1993

Rizzolatti, Giacomo e Corrado Sinigaglia, *So quel che fai: il cervello che agisce e i neuroni specchio*, Raffaello Cortina Editore, Milano, 2006

Rossi, Emilio, *L'undecima musa*, Rubbettino, Soveria Mannelli, 2001

Sabato, Ernesto, *Lo scrittore e i suoi fantasmi*, Meltemi, Roma, 2000

Schiavo, Flavia, *Parigi, Barcellona, Firenze: forma e racconto*, Sellerio, Palermo, 2004

Schiavo, Flavia, *La città raccontata tra immaginazione letteraria e rappresentazione urbanistica. Percorsi intorno alla narrazione come sapere innovativo per la conoscenza della città e del territorio*, CRU, Critica della Razionalità Urbanistica, n. 18, 2° semestre 2005, Alinea editrice, Firenze

Searle, John, *La riscoperta della mente*, Bollati Boringhieri, Torino, 1994

Sontag, Susan, *Contro l'interpretazione*, Mondadori, Milano, 1967

Steiner, George, *La nostalgia dell'assoluto*, Bruno Mondadori, Milano, 2000

Varela, Francisco J., *Un know-how per l'etica*, Lezioni Italiane n. 3, Fondazione Sigma-Tau, Laterza, Roma-Bari, 1992

Varela, Francisco J., *Il reincanto del concreto*, in *Il corpo tecnologico*, a cura di Pier Luigi Capucci, Baskerville, Bologna, 1994

Waldrop, Morris Mitchell, *Complessità*, Instar Libri, Torino, 1995

Woolley, Benjamin, *Mondi virtuali*, Bollati Boringhieri, Torino, 1993

Zanarini, Gianni, *L'emozione di pensare*, CLUP-CLUED, Milano, 1985

Zanarini, Gianni, *Diario di viaggio*, Guerini e Associati, Milano, 1990

Zanarini, Gianni, *Il senso del tempo: la prospettiva temporale nella scienza*, Cultura e Scuola, n. 127, 1993

Zanarini, Gianni, *L'ambigua scienza*, *Ambiguità*, op. cit.

Žižek, Slavoj, *Benvenuti nel deserto del reale*, Meltemi, Roma, 2002

Opere letterarie dell'autore citate nel testo

Il fuoco completo (racconti), Studio Tesi, Pordenone, 1986; 2a ediz., Mobydick, Faenza, 2000

Di alcune orme sopra la neve (romanzo), Campanotto, Udine, 1990; 2a ediz., Mobydick, Faenza, 2007

L'acrobata (romanzo), Einaudi, Torino, 1994

Congetture sull'inferno (racconti), Mobydick, Faenza, 1995

I giorni del vento (racconti), Mobydick, Faenza, 1997

La gerarchia di Ackermann (romanzo), Mobydick, Faenza, 1998

Trieste: ritratto con figure (racconti), Mobydick, Faenza, 2004

Avvisi ai naviganti (racconti), Mobydick, Faenza, 2001

La camera d'ascolto (racconti), Mobydick, Faenza, 2006

i blu

Passione per Trilli
Alcune idee dalla matematica
R. Lucchetti
2007, XIV, pp. 154
ISBN: 978-88-470-0628-7

Tigri e Teoremi
Scrivere teatro e scienza
M.R. Menzio
2007, XII, pp. 256
ISBN 978-88-470-0641-6

Vite matematiche
Protagonisti del '900 da Hilbert a Wiles
C. Bartocci, R. Betti, A. Guerraggio, R. Lucchetti (a cura di)
2007, XII pp. 352
ISBN 978-88-470-0639-3

Tutti i numeri sono uguali a cinque
S. Sandrelli, D. Gouthier, R. Ghattas (a cura di)
2007, XIV pp. 290
ISBN 978-88-470-0711-6

Il cielo sopra Roma
I luoghi dell'astronomia
R. Buonanno
2007, X pp. 186 + 4 pp. a colori
ISBN 978-88-470-0671-3

Buchi neri nel mio bagno di schiuma
ovvero **L'enigma di Einstein**
C.V. Vishveshwara
2007, XIV pp. 438
ISBN 978-88-470-0673-7

Il senso e la narrazione
G. O. Longo
2008, XVIII pp. 214
ISBN 978-88-470-0778-9

Di prossima pubblicazione

Il mondo bizzarro dei quanti
S. Arroyo

Il solito Albert e la piccola Dolly
La scienza dei bambini e dei ragazzi
D. Gouthier, F. Manzoli

Storie di cose semplici
V. Marchis